计算机与信息科学系列规划教材

C#与WinForm高级程序设计

编 著 郑 龙 康红宴 叶昭晖 牛 顿 肖雅倩

湖南大学出版社

·长 沙·

内容简介

本书对.NET框架体系概念和技术等内容进行了全面、详细的讲解。全书共13章和10个上机实操，主要介绍了.NET框架、C#数据类型、集合组织相关数据、类的方法、继承和多态、面向对象高级应用、文件操作、序列化和反序列化等相关知识，且每章都配有丰富的实例、要点和作业。本书适合作为高校计算机相关专业"C#程序设计"课程教材，也可以作为程序设计员或对C#编程感兴趣的读者的参考用书。

图书在版编目(CIP)数据

C#与WinForm高级程序设计/郑龙等编著. —长沙：湖南大学出版社，2022.7
(计算机与信息科学系列规划教材)
ISBN 978-7-5667-2543-1

Ⅰ. ①C…　Ⅱ①郑…　Ⅲ①C语言—程序设计—教材　Ⅳ.①WinForm

中国版本图书馆CIP数据核字(2022)第129995号

C#与WinForm高级程序设计
C# YU WinForm GAOJI CHENGXU SHEJI

编　　著：郑　龙　康红宴　叶昭晖　牛　顿　肖雅倩
责任编辑：黄　旺　谢　琳
印　　装：广东虎彩云印刷有限公司
开　　本：787 mm×1092 mm　1/16　　**印　　张：**15.25　　**字　　数：**380千字
版　　次：2022年7月第1版　　**印　　次：**2022年7月第1次印刷
书　　号：ISBN 978-7-5667-2543-1
定　　价：58.00元

出 版 人：李文邦
出版发行：湖南大学出版社
社　　址：湖南·长沙·岳麓山　　**邮　　编：**410082
电　　话：0731-88822559(营销部)，88820006(编辑室)，88821006(出版部)
传　　真：0731-88822264(总编室)
网　　址：http://www.hnupress.com
电子邮箱：274398748@qq.com

计算机与信息科学系列规划教材
编委会

前 言

时光荏苒，一转眼中国互联网已走过了 30 多年的历程。人工智能、云计算、移动支付，这些互联网产物不仅迅速占据了我们的生活，刷新了我们对科技发展的认知，而且也提高了我们的生活质量。人们谈论的话题也离不开这些，例如：人工智能是否会替代人类，成为工作的主要劳动力；数字货币是否会替代纸币流通于市场；虚拟现实体验到底会有多真实多刺激。从这些现象中不难发现，互联网的辐射面在不断扩大，计算机科学与信息技术发展的普适性在不断增强，信息技术全面地融入了我们的生活。

1987 年，我国网络专家钱天白通过拨号方式在国际互联网上发出了中国有史以来第一封电子邮件，“越过长城，走向世界”，从此，我国互联网时代开启。30 多年间，人类社会仍然遵循着万物自然生长规律，但互联网的枝芽却依托人类的智慧于内部结构中迅速生长，并且每一次主流设备、主流技术的迭代速度明显加快。如今，人们的生活是“拇指在手机屏幕方寸间游走的距离，已经超过双脚走过的路程”。

据估计，截至 2017 年 6 月，中国网民规模已达到 7.5 亿人，占全球网民总数的五分之一，而且这个数字还在不断地增加。

然而，面对快速发展的互联网，每一个互联网人亦感到焦虑，感觉它运转的速度已经接近我们追赶的极限。信息时刻在变化，科技不断被刷新，想象力也一直被挑战，面对这些，人们感到不安的同时又对未来的互联网充满期待。互联网的魅力正在于此，恰如山之两面，一旦跨过山之巅峰，即是不一样的风景。正是这样的挑战让人着迷，让人甘愿为之付出努力。这个行业还有很多伟大的事情值得人们去琢磨，去付出心血。

本系列丛书作为计算机科学与信息科学中的入门与提高教材，在力争保障学科知识广度的同时，也注意挖掘主流技术的深度，既介绍了计算机学科相关主题的历史，也涵盖国内外最新、最热门课题，充分呈现了计算机科学技术的时效性、前沿性。丛书涉及计算机与信息科学多门课程：Java 程序设计与开发、C# 与 WinForm 程序设计、SQL Server 数据库、Oracle 大型数据库、Spring 框架应用开发、Android 手机 App 开发、JDBC/JSP/Servlet 系统开发、HTML/CSS 前端数据展示、jQuery 前端框架、JavaScript 页面交互效果实现、大数据基础与应用、大数据技术概论、R 语言预测、PRESTO 技术内幕、Photoshop 制作与视觉效果设计、网页 UI 美工设计、移动端 UI 视觉效果设计与运用、CorelDraw 设计与创新等。

本系列丛书适合计算机初学者，当然掌握一些计算机基础知识更有利于本系列丛书的学习。开发人员可从本系列丛书中找到许多不同领域的兴趣点和各种知识点的用法。从书实例内容选取市场流行的应用项目或产品项目，章后部分练习题模拟了大型软件开发企业的实例项目。

本系列丛书在编写过程中，获得了国家自然科学基金委员会与中国民用航空局联合资助项目(U1733110)、全国教育科学“十三五”规划课题(军事职业教育理论与实践研究JYKYD2018009)、湖南省教学改革研究课题(2015001)、湖南省自然科学基金(2017JJ1012)、国家自然科学基金(71371067、61302144)的资助，并得到了国防科技大学、湖南大学、电子科技大学、佛山科学技术学院、长沙学院和深圳华大乐业教育科技有限公司各位老师的大力支持，同时参考了一些相关著作和文献，在此向这些老师和文献作者深表感谢！

作　者

2019 年 5 月

目 次

理论部分

上机部分

理　论　部　分

第 1 章　深入.NET 框架

本章学习任务

- 理解.NET 框架的特性
- 体验框架类库的强大功能
- 理解.NET 框架的组成及其基本的工作原理
- 学会阅读 MSDN 文档

1.1　Microsoft .NET 框架概述

1.1.1　Microsoft .NET 介绍

Microsoft .NET 平台利用以互联网为基础的计算和通信激增的特点，通过先进的软件技术和众多的智能设备，为用户提供更简单、更个性化、更有效的互联网服务。

资料：

经典的游戏机 XBOX 360 是微软的产品，用户使用 XBOX 360 时，可以通过.NET 战略中的一个组成部分 XBOX Live 与世界上其他国家的玩家对战。玩家在.NET 平台下还可以开发新的游戏，发布到网上供其他人玩。

.NET Framework 是开发.NET 应用程序的核心基础。为支持在.NET Framework 上开发，微软发布了世界级开发工具 Visual Studio 。Visual Studio 和.NET 框架配合，能够方便快捷地开发出多种.NET 应用程序，还可以进行测试、版本控制、Team 开发和部署等。

1.1.2　.NET 框架的魅力

- 提供了一个面向对象的编程环境。.NET 框架完全支持面向对象编程，提高了软件的可复用性、可扩展性、可维护性和灵活性。
- 对 Web 应用的强大支持。如今是互联网的时代，大量的网络应用程序发挥着重要的作用。利用.NET 能快速开发出功能丰富的网络应用程序。
- 对 Web Server(Web 服务)的支持。Web Service 是.NET 非常重要的内容，它可以实现不同应用程序之间的相互通信。
- 支持构建.NET 程序的炫彩外衣。随着科技的发展，人们越来越多地使用计算机软件进行信息化办公，也越来越重视良好的用户体验和视觉效果。现在.NET 提供的 WPF 技术能帮助开发人员创建良好的 3D 效果。WPF 提供了丰富的.NET UI 框架，集成了矢量图形和丰富的流动文字支持。在它的帮助下，程序员可以开发出具备很炫很酷的视觉效果的图形软件。微软的 Vista 操作系统的半透明效果就得益于 WPF 技术。

1.2　.NET 框架体系结构

1.2.1　.NET 框架结构

了解了 .NET 框架的强大功能和魅力之后，你一定想问：.NET 框架是由哪几部分组成的？它的工作原理是怎样的？

.NET 框架运行在操作系统之上，它提供了创建、部署和运行.NET 应用的环境，主要包含 CLR 和框架类库，并且支持多种开发语言，如图 1.1 所示。.NET 框架可以安装在 Windows 操作系统上，支持 C＃、VB.NET、C＋＋.NET 等开发语言，也就是我们所说的跨语言开发。

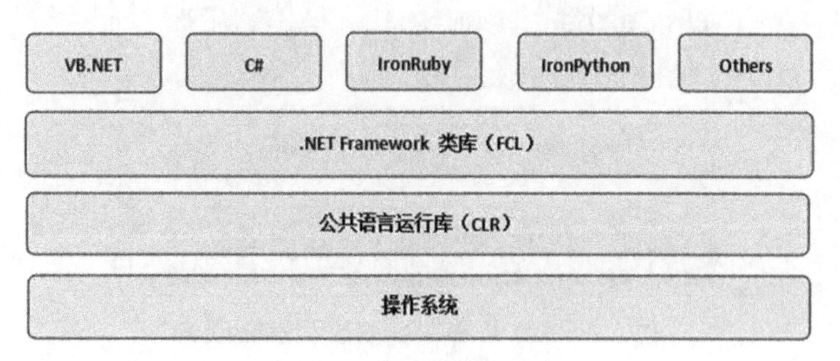

图 1.1　.NET 框架核心结构

问答：

问题：.NET 应用能跨平台吗？

解答：关于.NET 和 Java 的对比，我们常常听说："Java 是一个跨平台的语言，而.NET 是一个跨语言的平台。"事实上，通过开源项目 Mono，在 Linux 上也可以运行.NET 应用程序。Mono 项目的官方网址为 http://mono-project.com。

.NET 框架具有两个主要组件：公共语言运行时和框架类库。公共语言运行时是.NET框架的基础。框架类库是一个综合性的面向对象的可重用类型集合，利用它可以开发包括传统命令行或者 WinForm 应用程序以及基于 ASP.NET 所提供的最新应用程序。

随着.NET Framework 版本的不断升级，其功能不断完善，提供的新功能、新技术越来越多。如图 1.2 所示为.NET Framework 各个版本的关系和涉及的主要技术。

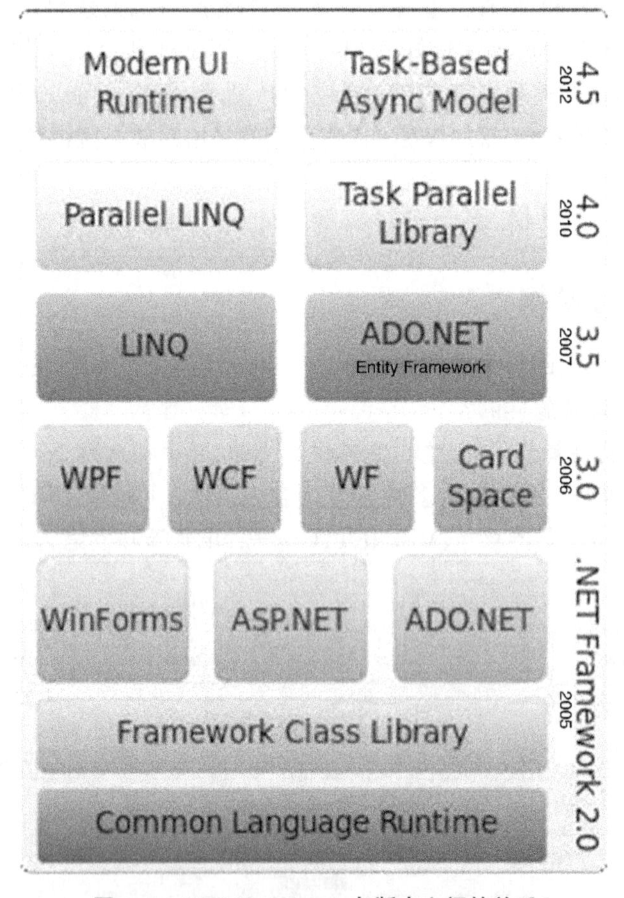

图 1.2　.NET Framework 各版本之间的关系

从图 1.2 可以看出，.NET Framework 3.0 之前的版本提供 ASP.NET Web 应用开发、WinForms 窗体应用程序开发等基本功能。从.NET Framework 3.0 开始又引入了很多激动人心的新功能，这里简要介绍一下。

1.WPF(Windows presentation foundation)

WPF 是微软 Vista 操作系统的核心开发库之一，它不仅仅是一个图形引擎，而且给 Windows 应用程序的开发带来了一次革命。对于普通用户而言，最直观的感受是界面越来越漂亮，用户体验更加友好；对于开发人员而言，界面显示和程式代码将更好地得到分离，这与以前的桌面应用开发有很大不同。WPF 提供了一种一致的方案来构建编程模型，一个开发出来的 WPF 程序不仅可以被放置到电脑桌面，还可以被装载到 Web 以及智能设备上。Vista 操作系统精致的界面以及 Sliverlight 都是通过 WPF 来实现的。

2.WCF(Windows communication foundation)

我们知道多数应用程序需要和其他的应用程序进行通信。在.NET Framework 3.0 之前，可以选择 Web 服务、.NET Remoting 等，这些技术都有自身的价值，在实际应用中也有着各自的地位。可是，既然问题都是一样的，为什么要采用多种不同的解决方案呢？这正是 WCF 的设计初衷。WCF 把 Web 服务、.NET Remoting 等技术统一到单个面向服务的编程模型中，以实现真正的分布式计算。

3.WF(Windows Workflow Foundation)

举个例子，下订单→确认订单→厂商发货→客户付款→交易完成，这就是一个简单的网上购物工作流(workflow)。WF是一个广泛通用的工作流框架，并且从下到上在每个级别都针对扩展性进行了设计。

4.Windows CardSpace

这是微软取代使用用户名和密码验证网络使用者身份的新方法。简单地说是一项以用户为中心的身份识别技术，用户可以通过它控制登录网站时提交的信息。这项技术将会使管理个人信息更加安全简便。微软推广它的目的就是取代传统的用户名和密码，提供更好的反钓鱼功能，并且预防其他类型的网络诈骗。

5.LINQ(language integrated query)

LINQ将强大的查询功能扩展到C#和Visual Basic.NET的语法中，使得软件开发人员可以使用面向对象的语法查询数据。可以为以下各种数据源编写LINQ查询：SQL Server数据库、XML文档、ADO.NET数据集等。此外，微软还计划了对ADO.NET Entity Framework的LINQ支持，第三方服务商为许多Web服务和其他数据库的实现编写了LINQ提供程序。

1.2.2　公共语言运行时

CLR的全称为公共语言运行时(common language runtime)，它是所有.NET应用程序运行时的环境，是所有.NET应用程序都要使用的编程基础，它如同一个支持.NET应用程序运行和开发的虚拟机。也可以将CLR看作一个管理代码的代理，管理代码是CLR的基本原则，能够被管理的代码称为托管代码，反之称为非托管代码。CLR包含两个组成部分：CLS(公共语言规范)和CTS(通用类型系统)。下面我们通过学习.NET的编译技术来具体了解这两个组件的功能。

资料：

在.NET Framework 4.0中新增了动态语言运行时(DLR)，它将一组适用于动态语言的服务添加到CLR中。借助于DLR，可以开发要在.NET Framework上运行的动态语言，而且可以使C#、Basic等语言方便地与动态语言交互。为了支持DLR，微软在.NET Framework中添加了新的System.Dynamic命名空间。

1..NET编译技术

为了实现跨语言开发和跨平台的战略目标，.NET所有编写的应用都不是编译成本地代码，而是编译成微软中间代码(MSIL，Microsoft intermediate language)。MSIL将由JIT(just in time)编译器装换成机器代码。如图1.3所示，C#和VB.NET代码通过它们各自的编译器编译成MSIL。MSIL遵循通用的语法，CPU不需要了解它，MSIL通过JIT编译器编译成相应的平台专用代码，这里所说的平台是指我们的操作系统。这种编译方式，不仅实现了代码托管，还能够提高程序的运行效率。

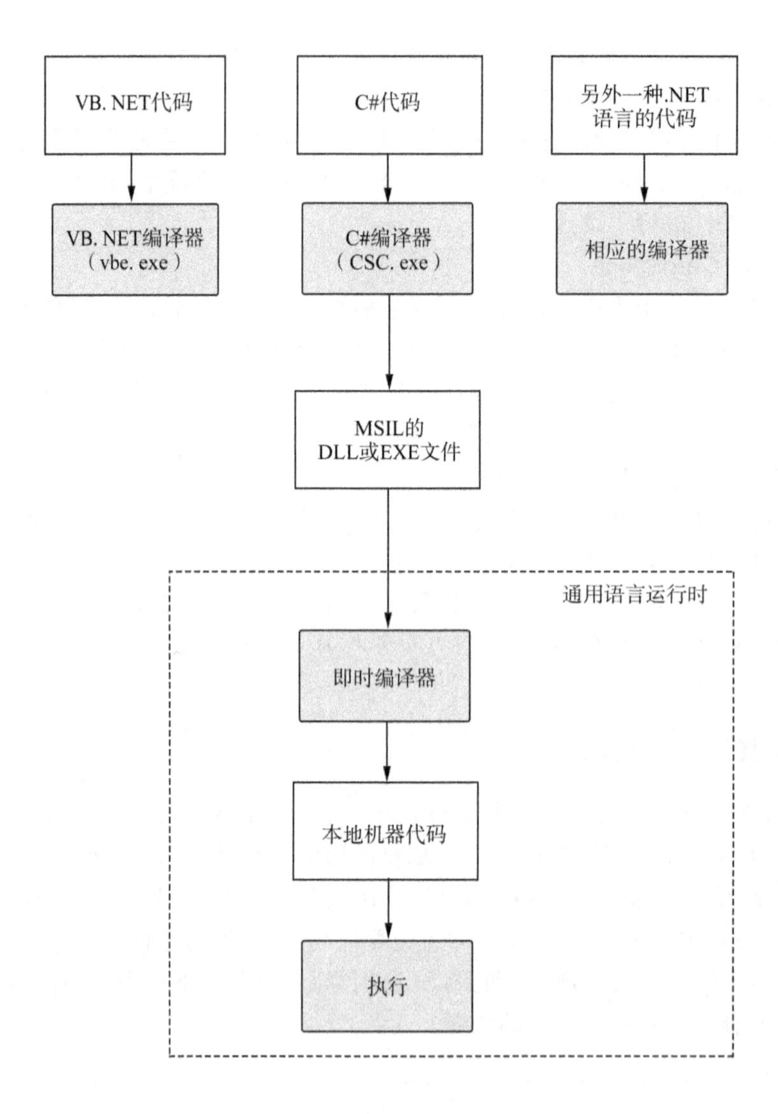

图 1.3 .NET 编译过程

如果想要某种编程语言也能支持.NET 开发，需要有能够将这种语言开发的程序转换为微软中间代码的编译器。能够编译为中间代码的语言都可以被.NET Framework 托管。目前.NET Framework 4.0 可以支持的能编译为中间代码的语言有 C♯、VB.NET、C++.NET，其他语言要被.NET Framework 托管需要第三方编译器的支持。

2.CTS

C♯和 VB.NET 都是公共语言运行时的托管代码，它们的语法和数据类型各不相同，CLR 是如何对这两种不同的语言进行托管的呢？通用类型系统（common type system）就能用于解决不同语言的数据类型不同的问题，如 C♯中的整型是 int，而 VB.NET 中的整型是 Integer，通过 CTS 我们可以把它们两个编译成通用的类型 int32。所有的.NET 语言共享这一类型系统，可以在它们之间实现无缝互操作。

3.CLS

编译语言的区别不仅仅在于类型，语法或者说语言规范也有很大的区别。因此.NET 通过定义公共语言规范(CLS，common language specification)，限制了由这些不同点引发的互操作性问题。CLS 是一种最低的语言标准，制定了一种以.NET 平台为目标的语言所必须支持的最小特征，以及该语言与其他.NET 语言之间实现互操作所需要的完备特征。凡是遵守这个标准的语言在.NET 框架下都可以实现互相调用。例如，在C# 中命名是区分大小写的，而 VB.NET 不区分大小写，这样 CLS 就规定，编译后的中间代码除了大小写之外还要有其他的不同之处。

1.2.3　框架类库

.NET Framework 另外一个重要部分是框架类库。在 ADO.NET 开发的数据库应用中我们用到过 System.Data.SqlClient 和 System.Data；在窗体应用开发中我们用到过 System.Windows.Forms。其实.NET 框架提供了非常丰富实用的类库，这些类库是我们进行软件开发的利器。框架类库能帮助我们调用系统功能，这是建立.NET 应用程序、组件和控件的基础。通过灵活运用这些类库，我们的开发工作将会更加便利。

在使用框架类库时，我们会引入一些相应的命名空间。框架类库的内容被组织成一个树状命名空间(namespace tree)，每一个命名空间可以包含许多类及其他命名空间。

图 1.4 展示了.NET 框架类库命名空间中的核心类库。

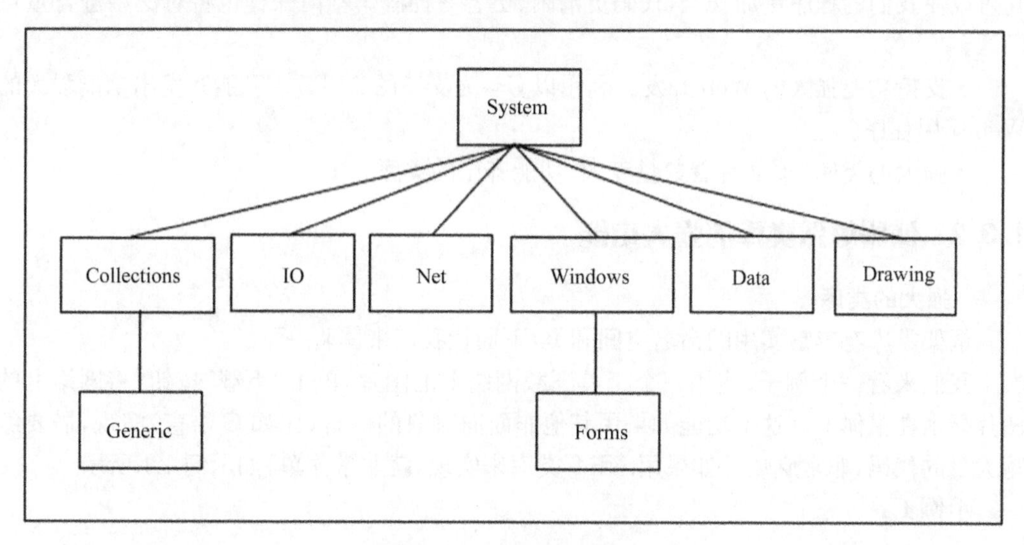

图 1.4　.NET 核心类库

下面我们介绍一下.NET 中一些核心类库及其功能。

• System：此命名空间包含所有其他的命名空间。在 System 命名空间中包含了定义.NET 中使用的公共数据类型，如 Boolean、DateTime 和 Int32 等。此命名空间中还有一个非常重要的数据类型“Object”，Object 类是所有其他.NET 对象继承的基本类。

• System.Collections.Generic：支持泛型操作。这是.NET 2.0 新增的内容，我们将在第 3 章进行讲解。

• System.IO：支持对文件的操作，诸如复制、粘贴、删除以及对文件的读写等。

• System.NET：支持对网络协议的编程。

• System.Data：用于访问 ADO.NET。

• System.Windows.Forms：用于开发窗口应用程序。只有引入这个命名空间才能使用 WinForms 的控件和各种特性。

• System.Drawing：支持 GDI+基本图形操作。比如我们上网经常遇到的验证码就可以通过这个命名空间类库的方法来实现。

1.3 C#锐利体验

1.3.1 C#概述

有了革命性的.NET 框架，就需要有全新的计算机语言来支撑，为此微软开发了 C#语言。C#有如下特点：

• 完全地面向对象设计。在 C#类型系统中，每种类型都可以看作一个对象，即便是简单的数字类型的数据也都是对象。所有的 GUI——窗体、按钮、文本输入框、滚动条、列表和菜单等都是对象。

• C#从 2.0 版本开始，对泛型提供了更完整的支持。泛型是微软重点推出的内容，它可以使我们的程序更加安全，代码更清晰、更容易控制。本门课程也将对泛型进行重点学习。

• 支持功能强大的 Web 开发。利用以 C#为支撑的 ASP.NET 能开发出功能强大的 Web 应用程序。

• 强大的类库。C#有着数量庞大、功能齐全的类库。

1.3.2 体验框架类库的强大功能

1.强大的类库

框架类库有丰富实用的命名空间和类，下面让我们来体验一下。

我们来看一个例子，使用一个工具下载网络上的图片，单击“下载”按钮，将网络上的图片显示在窗体上。这个功能如果用其他非面向对象的语言(比如 C 语言)实现，需要编写大量的代码，非常麻烦。如果用.NET 类库来实现，就非常简单，如示例 1.1 所示。

示例 1.1

```
1    //引入命名空间
2    using System.NET;
3    using System.IO;
4    //下载图片事件
5    private void btnDownload_Click(object sender, EventArgs e)
6    {
7         try
8         {
```

```
9           WebClient webClient = new WebClient();
10          //判断文件是否存在
11          if(!File.Exists("dingdang.png"))
12          {
13              //下载文件
14              webClient.DownloadFile("http://localhost/myoffice/
15                      dingdang.png","dingdang.png");
16          }
17          //将制定路径的图片显示在窗体中
18          picShow.Image = Image.FromFile("dingdang.png");
19      }
20      catch(Exception ex)
21      {
22          MessageBox.Show(ex.ToString());
23      }
24  }
```

通过代码我们可以看到，只需调用 WebClient 类中的 DownloadFile()方法，传入要下载的文件地址便能实现。实现起来非常简单，只需要短短的几句代码。如果用传统的开发语言可能需要上百行的代码。使用.NET 框架类库缩短了编程时间，提高了开发效率。

2..NET 开发助手——MSDN

在平时的开发工作中，我们难免会遇到老师没有讲过的技术问题，应该如何解决呢？大家可能会在搜索引擎比如 Google、百度上搜索相关知识，或者到技术论坛甚至 QQ 技术群里找解决方案。实际上有个更方便的方法，就是向.NET 自身带的 MSDN 取经。

MSDN(Microsoft developer network)的全称是微软开发者网络，是微软提供给软件开发者的一种信息服务，它实际上是一个以 Visual Studio 和 Windows 平台为核心整合的开发虚拟社区，包括技术文档、在线电子教程、网络虚拟实验室、微软产品下载、博客、论坛等一系列服务。开发者一般主要关注 MSDN 提供的联机帮助文档和技术文献。MSDN 就像一个大的百科全书，其中包括了.NET 平台的所有技术资料，比如常用类库的方法描述等，还有很多现成的小例子供大家学习。并且大部分技术内容都已被翻译，这对于英文不太好的开发人员来说是个福音(当然读英文的能力是必需的)。如果善用 MSDN，我们的开发工作就会如虎添翼。

如何获取 MSDN 呢?

第一种方式是在线学习。微软给开发者提供了在线服务。MSDN 在线网址是 http://msdn.microsoft.com/zh-cn/default.aspx，在这个网站中你可以在技术资源库搜索你需要的技术信息，也可以下载微软提供的某些最新软件，还可以进入技术社区进行技术讨论。

如果不能上网怎么用 MSDN 呢？Visual Studio 2010 自带了 MSDN 联机文档，安装 Visual Studio .NET 2010 时将它装上即可。不同于以往的版本，Visual Studio 2010 的 MSDN 是本地的 Web 形式。

由于 MSDN 专业性较强，说明性的东西较多，所以可读性比教材弱一些。但是，如果我们有了一定的基础，遇到难以解决的问题则可查阅 MSDN，而不是依赖教科书或者老师。只要在不断的查阅中提高信息的筛选能力，不断摸索技巧，就可以慢慢驾驭 MSDN。一旦学会了如何使用 MSDN，那么你会受益匪浅，技术水平也会快速提升。

本章总结

• Microsoft .NET 框架结构是一个面向网络，支持各种用户终端的开发平台。

• .NET 框架的主要内容有 CLR、框架类库、ADO. NET、XML、ASP. NET、WinForms 和 Web Service 等。

• CLR 是所有.NET 应用程序运行时的环境，是所有.NET 应用程序都要使用的编程基础。

• CLR 中有两个主要组件，CTS(通用类型系统)和 CLS(公共语言规范)。

• C# 是全新的面向对象的语言，支持功能强大的 Web 开发，有良好的安全性和灵活性，支持属性和事件，能够开发多种应用程序。

• 框架类库是一个宝藏，常用的命名空间下的类库需要我们在学习中掌握和灵活运用。

• MSDN 的联机文档提供了.NET 框架类库的详细技术说明，善用 MSDN 可以提高我们分析和解决问题的能力。

本章作业

一、选择题

1..NET 框架结构的核心组件是(　　)。

A. 公共语言运行时

B. 支持跨语言开发

C. 框架类库

D. MSIL

2..NET 框架将(　　)定义为一组规则，所有的.NET 语言都应该遵循这个规则，这样才能创建与其他语言兼容的应用程序。

A. CTS

B. CLS

C. MSIL

D. 命名空间

3.(　　)保证我们在.NET 开发中能够使不同的语言类型互相兼容。

A. CTS

B. CLS

C. JIT 编译器

D. MSIL

4.支持泛型开发的类库主要在以下(　　)命名空间。

A. System.IO

B. System

C. System.Object

D. System.Collections.Generic

5.以下说法正确的是(　　)。

A. 能被CLR管理的代码称为托管代码

B. .NET程序编译后可以被CPU直接执行

C. C#不能调用VB.NET写出的程序

D. 通用类型系统(CTS)可解决不同类型语言之间语法和规范不同的问题

二、简答题

1.简述.NET框架体系结构的组成。

2.简述CLR的主要用途。

3.在某些管理软件中,可以调出系统的计算器。请你阅读MSDN,用C#进程调用,完成调出Windows计算器的功能。

提示:

- 打开MSDN,选择"索引",然后搜索"进程",在搜索结果里寻找所需要的内容。
- Windows计算器名称为calc.exe。

4.查阅相关资料,整理一下C语言、C++语言、C#语言的共同点、不同点、各自的适用性。

5.查阅MSDN,使用WebBrowser在Winform窗体中显示指定的网页。

第 2 章　深入 C# 数据类型

本章学习任务

- 巩固类、对象、封装和方法调用
- 学会绘制基本类图
- 理解结构
- 理解值类型和引用类型作为方法参数的区别
- 使用静态方法解决实际问题

2.1　面向对象回顾

2.1.1　类和对象

类和对象有着本质的区别,类定义了一组概念的模型,而对象是类的实体,它们之间的关系如下:

- 由对象归纳为类,是归纳对象共性的过程。
- 在类的基础上,将状态和行为实体化为对象的过程称为实例化。

对于类的属性,我们通过 get 和 set 访问器进行访问和设置,以保障类中数据的安全。

属性访问器分为以下三种:

- 只写属性,只包含 set 访问器。
- 只读属性,只包含 get 访问器。
- 读写属性,同时包含 set 访问器和 get 访问器。

如示例 2.1 所示,先定义一个私有字段,然后将这个字段封装成属性。

示例 2.1

```
1    private string _name;
2    public string Name
3    {
4        get {return _name;}
5        set {_name = value;}
6    }
```

在 C# 3.0 中,提供了一个新的特性——自动属性,来简化代码。比如示例 2.1 可以直接写作 public string Name{get;set;},编译器将自动为该属性生成一个私有变量。

自动属性可以使代码更简洁优雅,同时保持属性的灵活性。但是要注意,自动属性只适用于以下两种情况:

• 不对字段进行逻辑验证的操作。

• 不设置只读和只写属性。

2.1.2 封装

封装又称信息隐藏，指利用抽象数据类型将数据和数据的操作结合在一起，使其构成一个不可分割的独立实体，并尽可能隐藏内部的细节，只保留一些对外接口（与我们将来要学的 interface 并不相同，可以理解为公开的方法和属性）与外部发生联系。

封装主要给我们带来了如下好处：

• 保证数据的安全性。

• 提供清晰的对外接口。

• 可以任意修改类内部，而不影响其他类。

将字段封装为属性是封装的一种方式，类的私有方法也是一种封装。封装的范围不仅仅局限于此，随着对课程的深入学习你将会对此有更深刻的理解。

2.1.3 类图

在实际的软件开发中，软件的规模一般都很大，比如开源的.NET 开发工具 SharpDevelop 的源代码就有几十万行。如此巨大的代码量，一行一行阅读是很困难的。那么如何简洁直观地表示众多的类的结构以及类与类之间的联系呢？在面向对象编程中，我们经常使用类图来解决这个问题。类图将类的属性和行为以图的行为展示出来，使读者不用阅读大量的代码即可明白类的功能及类与类之间的关系。

如图 2.1 所示的类图中，字段属性放在方法前面，变量类型和返回类型放在冒号后面，私有成员前加一个减号“－”，公有成员则是加号“＋”。我们要熟练使用类图工具，并能读懂类图，这样对我们使用面向对象编程大有好处，而且这也是一个开发人员必须掌握的技能。

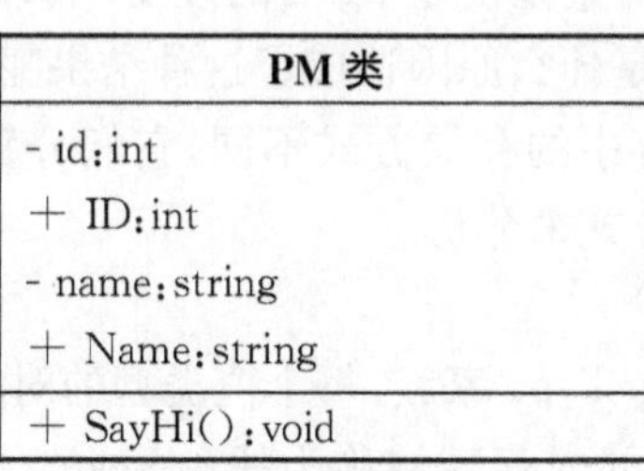

图 2.1　通用类图

2.2 值类型和引用类型

2.2.1 概述

下面我们来看一段代码，如示例 2.2 所示。

示例 2.2

```
1    int age1 = 18;
2    int age2 = age1;
3    age2 = 20;
4    Console.WriteLine("age1:"+age1);
5    Console.WriteLine("age2:"+age2);
6    SE se1 = new SE();
7    SE se2 = new SE();
8    se1.Age = 18;
9    se2 = se1;
10   se2.Age = 20;
11   Console.WriteLine("SE1 的年龄为{0}",se1.Age);
12   Console.WriteLine("SE2 的年龄为{0}",se2.Age);
```

在示例 2.2 中,先定义了两个 int 类型的字段 age1 和 age2,把 age1 赋值给 age2,然后改变 age2 的值,再打印结果。接着定义两个 SE 类的对象 se1 和 se2,并将 se1 赋值给 se2,修改 se2 的属性,然后打印结果。

运行结果如图 2.2 所示。

```
age1: 18
age2: 20
SE1 的年龄为20
SE2 的年龄为20
```

图 2.2 值类型和引用类型的区别

通过示例 2.2 可以看出,对整型变量 age2 的改变不影响 age1 的值,但是修改 se1 的同时也修改了 se2 的值,究竟是什么原因造成了这种结果呢?

这是因为整型和类在内存中的存储方式不同,它们分别属于值类型和引用类型。下面我们根据它们各自的存储方式来分析。

1.值类型

值类型源于 System.ValueType 家族,每个值类型的对象都有一个独立的内存区域保存自己的值,值类型数据所在的内存区域称为栈(stack)。只要在代码中修改它,就会在它的内存区域内保存这个值。在示例 2.2 中系统将 age1 和 age2 的值存储于内存中的两个位置。

当给 age1 赋值为 18 时,就会在 age1 的区域内保存 18。

当将 age1 赋值给 age2 时,系统会为 age2 新开辟一块区域,将 age1 的值 18 复制到这个区域。

当将 age2 的值改变为 20 时,只在 age2 的区域保存 20,age1 区域没有变化。

值类型的变量总是直接包含自身的值,将一个值类型变量赋给另一个值类型变量时,将只复制包含的值。值类型主要包括基本数据类型(如 int、float、double)和枚举类型等。

2.引用类型

引用类型源于 System.Object 家族，它存储的是对值的引用，就好比存储值的对象是个气球，而我们的引用变量是一根线。

当给 se1 的年龄属性赋值 18 时，就会在 se1 的区域内保存 18。

当将 se1 赋值给 se2 时，它们两个就会引用同一个对象，se2 对象的值会保存为 se1 的值。

当将 se2 的年龄属性赋值为 20 时，由于 se1 和 se2 都是引用同一个对象，se1 的年龄属性值也会跟着改变。

可以这样理解，两个不同的引用变量指向了同一个内存中的物理地址。引用类型变量的赋值只负责对象的引用，而不复制对象本身。在 C♯ 中引用类型主要包括类和接口等。

3.细分值类型和引用类型

在前面的例子中，我们使用 int 类型作为值类型，类作为引用类型。C♯ 中值类型和引用类型见表 2-1。

表 2-1　数据类型分类

<table>
<tr><th>类别</th><th></th><th>描述</th></tr>
<tr><td rowspan="3">值类型</td><td>基本数据类型</td><td>整型:int
长整型:long
浮点型:float
字符型:char
布尔型:bool</td></tr>
<tr><td>枚举类型</td><td>枚举:enum</td></tr>
<tr><td>结构类型</td><td>结构:struct</td></tr>
<tr><td rowspan="3">引用类型</td><td>类</td><td>基类:System.Object
字符串:string
自定义类:class</td></tr>
<tr><td>接口</td><td>接口:interface</td></tr>
<tr><td>数组</td><td>数组:int[],string[]</td></tr>
</table>

2.2.2　结构

了解了值类型和引用类型的主要区别，我们来看这样一个问题：一个 Student 类只有 ID 和年龄两个属性，采用哪种数据类型来存储比较合适呢？

首先我们会想到用类，如示例 2.3 所示。

示例 2.3

```
1    public class Student
```

```
2    {
3        public int _id;//ID
4        public string _age;//年龄
5    }
```

是否存在其他的方式呢？C#为我们提供了结构(struct)这个数据类型。

1.结构的定义

```
访问修饰符 struct 结构名
{
//结构体
}
```

结构的定义有以下特点：

• 结构中可以有字段,也可以有方法。
• 定义时,结构中的字段不能被赋初值。

那么示例 2.3 可以改成用结构来实现。

```
1    public struct Student
2    {
3        public int _id;//ID
4        public string _age;//年龄
5    }
```

2.结构的使用

结构的构成和类相似。在使用结构时,要注意以下几个方面：

• 可以不用 new,直接定义结构的对象即可。
• 声明结构的对象后,必须给结构的成员赋初值。

结构的用法如示例 2.4 所示。

示例 2.4

```
1    public struct Student
2    {
3        public int id;//ID
4        public int age;//年龄
5        public void Show()
6        {
7            Console.WriteLine("ID:{0}\\n 年龄:{1}",id,age);
8        }
9    }
10   //调用
11   static void Main(string[] args)
12   {
13       Student stu;//创建学生结构
```

```
14        stu.id  =  1001;//给学号赋值
15        stu.age  =  20;//给年龄赋值
16        stu.Show();
17    }
```

3.结构的使用经验

既然结构和类非常相似,是不是所有的类都可以用结构来实现呢?结构是值类型,声明结构变量就将存储一个结构的新副本,即系统要开辟一块新的内存空间,所以结构用得越多所消耗的内存空间也就越多。

观察修改后的示例 2.3,我们发现结构保存的字段较少,对其操作也较少。其实最常用的一个数据类型 int 就是一个结构,如图 2.3 所示。所以当遇到需要用较少的属性来表示的对象时,就可以选用结构来实现。

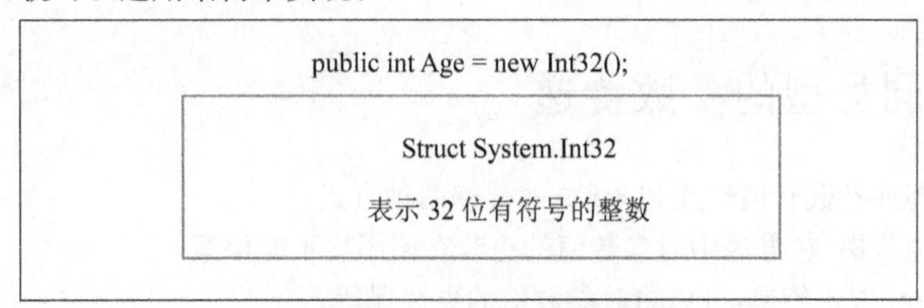

图 2.3　int 类型是结构类型

2.2.3　装箱和拆箱

数据类型按照存储方式可以分为值类型和引用类型,两者可以相互转换。将值类型转换为引用类型的过程称为装箱,反之称为拆箱。通过示例 2.5 和示例 2.6 可以体会这两个过程。

示例 2.5

```
1    static void Main(string[] args)
2    {
3        int i = 123;
4        object o = i;//装箱
5        i = 456;//改变 i 的内容
6        Console.WriteLine("值类型的值为{0}",i);
7        Console.WriteLine("引用类型的值为{0}",o);
8    }
```

当改变 i 的值时,因为 i 是值类型,所以只能改变它自己的值,无法修改引用类型 object 的类型。可以理解为创建一个 object 实例,并将 i 的值复制给这个 object。

示例 2.6

```
1    static void Main(string[] args)
2    {
3        int i = 123;
```

```
4            object o = i;//装箱
5            int j  =  (int)o;//拆箱
6       }
```

先将值类型 i 进行装箱，然后再把转换后的引用类型 o 做拆箱处理。需要注意的是，转换为值类型时，所定义的值类型与引用类型的数据类型要一致。

经验：

在实际的开发中，应该尽量减少不必要的装箱和拆箱，因为值类型和引用类型的存储方式不同，转换时性能损失较大。在第 3 章中我们将讲解如何利用泛型集合减少装箱和拆箱。

2.3 不同类型的参数传递

为方法传递参数有值传递和 ref 方式传递两种方式。

- 使用值传递，在方法中对参数值的更改在调用后不能保留。
- 使用 ref 方式传递，可以将对参数值的更改保留。

那么当传递值类型和引用类型的参数时，会对参数本身产生什么影响呢？

1.值方式参数传递

- 使用引用类型作为参数。注意这里用引用类型作为参数，传递方式还是值方式，也就是没有 ref 修饰。如示例 2.7 所示，我们用员工 SE 类作为参数。

示例 2.7

```
1    public void Vote(SE se)
2    {
3        //人气值增加 1
4        se.Popularity++;
5    }
6    SE zhang = new SE();
7    zhang.Age = 25;
8    zhang.Name ="张靓";
9    zhang.Gender = Gender.female;
10   zhang.Popularity = 10;
11   //投票前
12   MessageBox.Show(zhang.SayHi());
13   Voter voter = new Voter();
14   voter.Vote(zhang);//引用类型做参数
15   //投票后
16   MessageBox.Show(zhang.SayHi());
```

运行后人气值发生了变化，如图 2.4 所示。

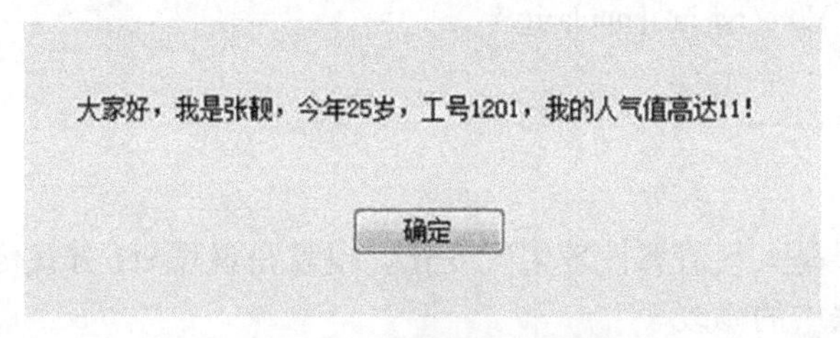

图 2.4　引用类型作为参数

虽然没有用 ref 方式传递，但是可以发现，引用类型作为参数，当引用变量发生变化时，参数也会发生变化。因此，当类作为参数传递时，参数被修改，类成员的值也会被修改。

• 值类型作为参数。如果用值类型作为参数，结果会怎样？如示例 2.8 所示。

示例 2.8

```
1    static void Main()
2    {
3        int popularity = 10;
4        Console.WriteLine("原始人气值" + popularity);
5        Vote(popularity);//值类型做参数
6        Console.WriteLine("投票后人气值" + popularity + "\\n");
7        Console.ReadLine();
8    }
9    public static void Vote(int popularity)
10   {
11       popularity++;
12   }
```

在示例 2.8 中，传递的是值类型，在输出结果中，发现人气值并没有任何变化：

```
原始人气值 10
投票后人气值 10
```

由示例 2.8 可知，以值类型作为参数进行值传递时，不能改变值类型参数的值。

2.引用方式参数传递

如果将参数作为引用方式传递，也就是用 ref 修饰参数，那么值类型和引用类型作为参数时，会有什么影响呢？

• 引用方式传递引用类型。

```
1    private void Vote(ref Se se)
2    {
3        //人气值增加 1
4        se.Popularity++;
5    }
```

• 引用方式传递值类型。

```
1    private void Vote(ref int popularity)
2    {
3        popularity++;
4    }
```

经过验证，结果是人气值属性发生了变化。也就是说用 ref 方式传递的两种形式没有区别，都会保存方法中的修改。

2.4 静态成员

用 ADO.NET 操作数据库时，我们经常需要创建 DBHelper 类，然后用这个类的对象去建立和关闭数据库连接，如示例 2.9 所示。

示例 2.9

```
1    public class DBHelper
2    {
3        private string connString ="";
4        //获得数据库连接
5        public SqlConnection GetConnection()
6        {
7            SqlConnection connection = new SqlConnection(connString);
8            return connection;
9        }
10       //关闭数据库连接
11       public void CloseConnection(SqlConnection connection)
12       {
13           connection.Close();
14       }
15   }
```

由于对数据库的操作非常频繁，DBHelper 对象经常被创建调用。实际上 DBHelper 对于整个项目中其他的类来说是共享的。有什么方法可以减少对象创建的次数吗？C# 提供了静态(static)成员来满足这一要求。

1.静态成员的定义

定义类中静态成员的语法如下：

```
class 类名
{
    public static 数据类型 变量名;
    public static 返回值 方法名(参数列表)
    {
            //方法体;
    }
}
```

定义中给我们展示了静态成员的两种形式:静态成员变量和静态成员方法,即类中的变量和方法都可以声明为静态的。静态成员是一种特殊的成员,它不属于类的某一个具体的实例。

类的静态成员在第一次访问类前被初始化,系统会在内存中分配一块区域存储它,之后一直存在,直到退出程序才会释放。所以说,静态成员对于类的所有实例来说都是唯一的。

实例成员只要创建了类的实例就会被初始化。对于类的每个实例,它们有各自的实例成员。而静态成员不能用类的实例来调用,只能通过类名用点(.)运算符进行访问或调用,语法如下:

```
类名.变量名;//访问静态变量
类名.方法名();//调用静态方法
```

2.静态成员的应用

明确了静态成员的定义,我们就可以把 DBHelper 的成员声明为静态的,如示例 2.10 所示。

示例 2.10

```
1    public class DBHelper
2    {
3        private string connString = "";
4        //获得数据库连接
5        public static SqlConnection GetConnection()
6        {
7            SqlConnection connection = new SqlConnection(connString);
8            return connection;
9        }
10       //关闭数据库连接
11       public static void CloseConnection(SqlConnection connection)
12       {
13           connection.Close();
14       }
15   }
```

把 GetConnection ( )和 CloseConnection()声明为静态后,就可以直接用类名调用它们。所以通常一些不会经常变化而又操作频繁的功能和数据适合声明为静态成员,比如获取数据库连接、网站的某些配置信息等,这些内容经过一次获取后就可以方便地使用了,这样也就节约了资源。

问答:

问题:示例 2.10 中通过静态方法返回的 SqlConnection 对象,是不是也是静态的?

解答:不是,返回对象的类型只和这个对象的类型定义有关,并不会因为调用它的方法是静态的而变为静态对象。

常见错误 1

静态方法必须用类名来调用,那么在静态方法之内可以直接调用非静态方法吗?我们来看一段代码。

```
1    static void Main(string[] args)
2    {
3        SayHi();
4    }
5    public void SayHi()
6    {
7        Console.WriteLine("hello world");
8    }
```

编译器提示的错误是"非静态的字段、方法或属性'Errors.program.SayHi ( )'",也就是说 SayHi ( )方法是非静态的,只能由对象的实例来调用。所以需要把 SayHi ( )方法也声明为静态才可以由静态方法 Main ( )来调用。当然也可以把 SayHi ( )方法封装到另外一个类中,然后在 Main ( )方法中由那个类的实例调用 SayHi ( )。在这里需要注意的是静态方法若要直接调用某个方法,那么那个方法只能是静态的。

常见错误 2

如果静态成员由类的实例来调用,将会怎样呢?我们来看一段代码。

```
1    public class Student
2    {
3        public string name;        //姓名
4        public int age;            //年龄
5        public static string country ="China";      //国籍
6    }
7    class Program
8    {
9        static void Main(string[] args)
10       {
11           Student stu = new Student();
12           Console.WriteLine("学生的国籍:"+stu.country);
13       }
14   }
```

运行后,编译器告诉我们"无法使用实例引用来访问成员'Student.country'",并且给出了解决办法,“请改用类型名来限定它”。所以在使用类的静态成员时需要格外注意,只能用类名来访问。

对比:

在 Java 里,类的 static 成员是怎样被访问的呢? 比如在 Eclipse 3.2.2+JDK6.0 环境下执行下面一段代码。

```
//Student.java
public class Student{
    public static String country ="china";
    public static String SayHi ( ){
    return "java";
    }
}
//main.java
public static void main(String[] args){
    Student s = new Student();
    System.out.println(s.country);
    System.out.println(s.SayHi());
}
```

虽然程序能够正常执行,但是编译器发出了警告:“静态字段需要由静态方法来访问”。说明在 Java 里虽然可以用类的实例来访问静态成员,但是 Java 并不推荐这样做。而在 C♯中则直接禁止了这种做法。

3.静态方法和实例方法

静态方法需要用类名来访问,反过来,用类的实例来访问的方法我们称之为实例方法。

静态方法和实例方法的区别见表 2-2 所示。

表 2-2　静态方法和实例方法的区别

静态方法	实例方法
需要 static 关键字	不需要 static 关键字
类名调用	实例对象调用
可以访问静态成员	可以访问静态成员
不可以直接访问实例成员	可以直接访问实例成员
不能直接调用实例方法	可以直接调用实例方法和静态方法
调用前初始化	实例化对象时初始化

本章总结

• 值类型转换为引用类型称为装箱，反之称为拆箱。

• 将引用类型作为参数传递，其值的修改会保留。以引用方式传递值类型的数据，其值的修改也将会保留。直接传递值类型数据，对它的修改不会被保留。

• 结构是值类型数据，可以看做是轻量级的类，使用的时候可以不用 new，可以有构造函数，但不能是无参构造函数。

• 类图是表示类的结构以及类与类之间关系的图表。

• C♯中类的静态成员只能由该类的类名来访问。静态方法中只能调用静态成员。

本章作业

一、选择题

1.关于结构说法正确的是(　　)。

A. 结构和类一样是引用类型

B. 定义一个结构对象必须用 new 关键字

C. 定义结构时可以给字段赋初始值

D. 结构里可以有属性和方法

2.在 C♯中，下列数据类型是引用类型的是(　　)。

A. 枚举(enum)

B. 字符串型(string)

C. 结构(struct)

D. 数组(array)

3.下面代码的运行结果是(　　)。

```
class Program
{
    static  void  Main(string[] args)
    {
        int  a = 3;
        int  b = 4;
        a  =  b;
        chang(ref  a,b);
        Console.Write(a+" "+b);
        Console.ReadLine ( );
    }
    public static void change(ref int a, int b)
    {
        b++;
```

```
        a = b;
    }
}
```

A. 4　5

B. 4　4

C. 5　5

D. 5　4

4. 关于值类型和引用类型,下列说法正确的是(　　)。

A. 值类型变量存储的是变量所包含的值

B. 引用类型变量是指向它要存储的值

C. 值类型转换为引用类型称为拆箱

D. 引用类型转换为值类型称为装箱

5. 关于类的静态成员说法正确的是(　　)。

A. 类的静态成员变量可以由类的对象来访问

B. 类的静态方法中不能声明类的实例

C. 类的静态方法可以直接调用实例方法

D. 定义静态方法的关键字是 static

二、简答题

1.写出下面这段代码的执行结果。

```
1    class MyClass
2    {
3        private int myInt;
4        public int MyInt
5        {
6            get { return myInt; }
7            set { myInt = value; }
8        }
9    }
10   class Program
11   {
12       static void Main(string[] args)
13       {
14           MyClass x = new MyClass();
15           MyClass y = new MyClass();
16           x.MyInt = 20;
17           y = x;
18           y.MyInt = 30;
19           Console.WriteLine("x = {0}, y = {1}", x.MyInt, y.MyInt);
20       }
21   }
```

2.超级马里奥游戏中的马里奥(mario),有如下属性:宽度、高度、马里奥的图片路径、马里奥变大后的图片路径、是否能够发射子弹和马里奥的生命值。马里奥的行为有:奔跑(run)、开火(fire)和身体状态改变。试定义马里奥类的属性和方法,画出简要的类图。

提示:

- 不要求实现这些方法。
- “是否能够发射子弹”的属性可以用 bool 类型。

3.简述值类型和引用类型的主要区别。

4.简述结构和类的区别。

5.某商场正在促销打折,购物满 100 减 50。输入购买的商品的原价,编写方法计算顾客实际的付款数,要求按引用传递参数。如:输入 190,输出 140。

提示:

按引用传递参数,传入时是原价,方法返回后参数值变为实际的付款数。

第 3 章　使用集合组织相关数据

本章学习任务

- 理解集合的概念
- 熟练使用集合访问数据
- 理解泛型的概念
- 熟练使用各种泛型集合

3.1　集合概述

在 MyOffice 中，我们用一个 SE 对象数组来存储公司的程序员信息，初始化代码如下：

```
SE[] engineers = new SE[3];
engineers[0] = new SE ( );
engineers[1] = new SE ( );
```

这个时候我们很容易发现一个问题，即数组的大小是固定的，但是公司的程序员数量很显然是会变化的。如果公司来了新程序员，这个数组只能重新定义。那么能否建立一个动态的“数组”，使我们能对它进行动态的添加、删除等操作呢？

3.1.1　ArrayList

ArrayList 类似于数组，也有人称它为数组列表，ArrayList 可以直观地进行动态维护，它的容量可以根据需要自动扩充，它的索引会根据程序的扩展而重新进行分配和调整。

ArrayList 能提供一系列方法对其中的元素进行访问、新增和删除等操作。

ArrayList 类属于 Sysyem.Collections 命名空间，由于 Visual Studio 创建工程时没有自动引入这个命名空间，因此在使用 ArrayList 之前一定要先引入这个命名空间。

下面的代码定义了两个 ArrayList，由于 ArrayList 是动态可维护的，因此定义时既可以不指定容量，也可以指定容量。

```
Using System. Collections;
//创建 ArrayList 对象
ArrayList students = new ArrayList();
ArrayList teachers = new ArrayList(5);
```

1.给 ArrayList 添加数据

ArrayList 通过 Add 方法添加元素。

语法:

```
public int Add(object value)
```

- 含义:将对象添加到 ArrayList 集合的末尾处。
- 返回值:返回值是一个 int 整型,用于返回所添加的元素的索引。
- 参数:如果向 ArrayList 中添加的元素是值类型,这些元素都会被转换为引用类型 object 然后保存。所以 ArrayList 中的所有元素都是对象的引用。

如示例 3.1 所示,在 MyOffice 中添加一个窗体和一个“确定”按钮,用 ArrayList 存储 SE 对象,在单击事件中添加代码。

示例 3.1

```
1    private void btnTest_Click(object sender, EventArgs e)
2    {
3        //建立部门工程师集合
4        ArrayList engineers = new ArrayList();
5        //初始化三个工程师员工
6        SE jack = new SE();
7        jack.Name ="王小毛";
8        //其他属性初始化
9        SE joe = new SE();
10       //属性赋值省略
11       SE ema = new SE();
12       //属性赋值省略
13       //添加元素
14       engineers.Add(jack);
15       engineers.Add(joe);
16       engineers.Add(ema);
17       //打印集合中元素的数量
18       MessageBox.Show(string.Format("部门共包括{0}个工程师.",
19           engineers.Count.ToString()));
20   }
```

添加后可验证是否添加成功,并显示集合中元素的数目。这里用到了 ArrayList 的属性 Count,该属性用于获取集合元素的数目。若最终显示的结果如图 3.1 所示,证明插入数据成功。

图 3.1 添加的元素数量

2.存取 ArrayList 中的单个元素

ArrayList 获取一个元素的方法和数组是一样的，也是通过索引(index)来访问，ArrayList 中第一个元素的索引是 0。需要注意的是，给 ArrayLisy 添加的元素都会被转换为 object 型，所以在访问这些元素的时候必须把它们转换回原来的数据类型。在测试程序中添加如下代码，在 ArrayList 中存储的是程序员(SE)对象。

```
SE engineer   = (SE)engineers[0];
MessageBox.Show(engineer.SayHi());
```

当我们获取它的第一个元素时，需要做类型的转换，这里转换为 SE 类型。调用它的 SayHi()方法，输出的对象信息和添加的是一致的，如图 3.2 所示。

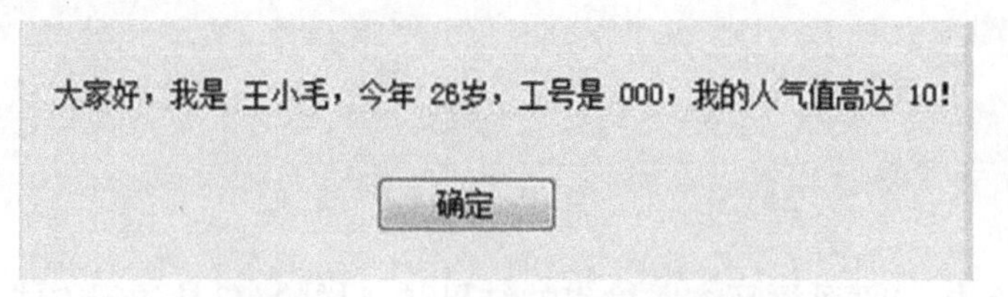
大家好，我是 王小毛，今年 26岁，工号是 000，我的人气值高达 10!
确定

图 3.2　从 ArrayList 中存取 SE 对象

3.遍历 ArrayList 中的元素

对于数组，我们可以通过循环的方式将元素逐个取出，这种操作方法我们通常称为遍历元素。如示例 3.2 所示，以数组的长度作为循环次数，将循环变量作为数组的索引，逐个取出元素。

示例 3.2

```
1    static void Main(string[] args)
2    {
3        int[] array = new int[]{0,1,2,3,4};
4        for(int i = 0;i<array.Length;i++)
5        {
6            Console.WriteLine(array[i]);
7        }
8    }
```

ArrayList 也可以用这样的方式遍历，因为它也是通过索引访问的。另外，ArrayList 还可以用 foreach 方式来遍历。我们继续用前面示例中建立的程序员(SE) ArrayList，遍历它的所有元素，如示例 3.3 所示。

示例 3.3

```
1    //for 循环遍历
2    for(int i = 0; i < engineers.Count; i++)
3    {
4        SE seFor = (SE)engineers[i];
5        Console.WriteLine(seFor.Name);
```

```
6    }
7    //foreach 遍历
8    foreach(object obj in engineers)
9    {
10       SE seForeach = (SE)obj;
11       Console.WriteLine(seForeach.Name);
12   }
```

输出结果：

```
王小毛
周新宇
张烨
王小毛
周新宇
张烨
```

在示例 3.3 中，这两种循环方式输出的结果是一样的，只是访问方式不同。for 循环通过索引来访问元素，foreach 循环通过对象(object)访问元素，我们在开发中可以根据实际情况来选择使用哪种循环方式。

4.删除 ArrayList 中的元素

删除 ArrayList 中的元素有以下三种方式：

- 通过 RemoveAt(int index)方法删除指定索引的元素。
- 通过 Remove(object value)方法删除一个指定对象名的元素。
- 通过 Clear( )方法移除集合中的所有元素。
- 如示例 3.4 所示，先通过 index 删除第一个元素，然后再删除一个指定的对象。

示例 3.4

```
1    private void btnTest_Click(object sender, EventArgs e)
2    {
3        //建立部门工程师集合
4        ArrayList engineers = new ArrayList();
5        //初始化三个工程师员工
6        SE jack = new SE();
7        jack.Name ="王小毛";
8        //省略其他属性赋值
9        SE joe = new SE();
10       //省略属性赋值
11       SE ema = new SE();
12       //省略属性赋值
13       //演示添加元素
14       engineers.Add(jack);
15       engineers.Add(joe);
```

```
16          engineers.Add(ema);
17          //打印集合中元素数目
18          MessageBox.Show(string.Format("部门共包括{0}个工程师.",
19              engineers.Count.ToString()));
20          //演示存取单个元素
21          SE engineer = (SE)engineers[0];
22          MessageBox.Show(engineer.SayHi());
23          //演示删除元素
24          engineers.RemoveAt(0);       //删除索引为0的元素
25          engineers.Remove(ema);       //删除对象为ema的元素
26          //打印当前集合数目
27          MessageBox.Show(string.Format("部门共包括{0}个工程师",
28              engineers.Count.ToString()));
29          SE leave = (SE)engineers[0];
30          MessageBox.Show(leave.SayHi());
31      }
```

在示例3.4中，ArrayList被添加了三个对象，先通过前两种方法删除了两个元素，然后再显示剩余元素的数量，结果如图3.3所示。

图3.3　删除后获取的员工数量

ArrayList添加和删除元素都会使剩余元素的索引自动改变。当我们删除两个元素后，再获取第一个元素时，取得的就是调整索引后的元素，如图3.4所示。

图3.4　ArrayList删除元素后的第一个元素

Remove( )方法和RemoveAt( )方法只能删除一个元素。在程序中，我们经常会遇到要删除集合中所有元素的需求，使用Remove( )方法和RemoveAt( )方法显然太麻烦了。Clear( )方法可以删除集合中的所有元素。当执行Clear()操作时，Count属性被置为"0"，如示例3.5所示。

示例 3.5

```
//清空集合中的所有元素
engineers.Clear ( );
//打印当前集合中元素的数目
MessageBox.Show(string.Format("部门共包括{0}个工程师.",
    engineers.Count.ToString()));
```

运行结果如图 3.5 所示。

图 3.5　执行 clear( )方法之后集合元素的数量

5.常见错误

常见错误 1

如下面一段代码,通过 RemoveAt ( )方法删除集合中的元素。

```
1   //添加元素
2   engineers.Add(jack);
3   engineers.Add(joe);
4   engineers.Add(ema);
5   //打印集合数目
6   MessageBox.Show(string.Format("部门共包括{0}
7       个工程师.",engineers.Count.ToString()));
8   //通过索引移除元素
9   engineers.RemoveAt(0);
10  engineers.RemoveAt(1);
11  engineers.RemoveAt(2);
```

运行后,发现系统发生异常,因为 ArrayList 的索引会自动分配和调整。在常见错误 1 的集合中添加三个元素并删除第一个元素后,索引为“2”的第三个元素就不存在了,这时再删除索引为“2”的元素就会发生错误。这说明使用索引删除元素还是存在一定的风险。

常见错误 2

如下面一段代码,集合中原来添加了三个对象,现在给集合再添加一个对象,其属性与集合中现有的一个元素的属性完全相同,然后用 Remove ( )方法移除这个对象,这样是否会把两个属性值完全一样的对象一起删除呢?

```
1   //添加元素
2   engineers.Add(jack);
```

```
3     engineers.Add(joe);
4     engineers.Add(ema);
5     SE se2 = new SE();
6     se2.Name ="王小毛";
7     //移除元素
8     engineers.Remove(se2);
9     //打印集合元素数目
10    MessageBox.Show(string.Format("部门共包括{0}个工程师.",
11            engineers.Count.ToString()));
```

运行后发现集合中元素的数目仍然是 3。也就是说，通过 Remove ( ) 方法移除 ArrayList 集合中的元素一次只能移除一个，与被移除元素的属性完全相同的其他元素不受影响。

3.1.2 Hashtable

在 ArrayList 集合中我们使用索引访问它的元素，但是使用这种方式必须了解集合中某个数据的位置。当 ArrayList 中的元素变化频繁时，要跟踪某个元素的下标就比较困难了。那么能不能给集合中的每个元素分别起个有意义的关键字，然后通过关键字来访问其中的元素呢？

1.Hashtable 概述

C＃提供了一种叫做 Hashtable 的数据结构，通常称为哈希表，也有人称它为“字典”。使用字典这个名称，是因为其数据构成非常类似于现实生活中的字典。在一本字典中，我们常常通过一个单词名称查找关于这个单词更多的信息。哈希表的数据是通过键(Key)和值(Value)来组织的，如图 3.6 所示。

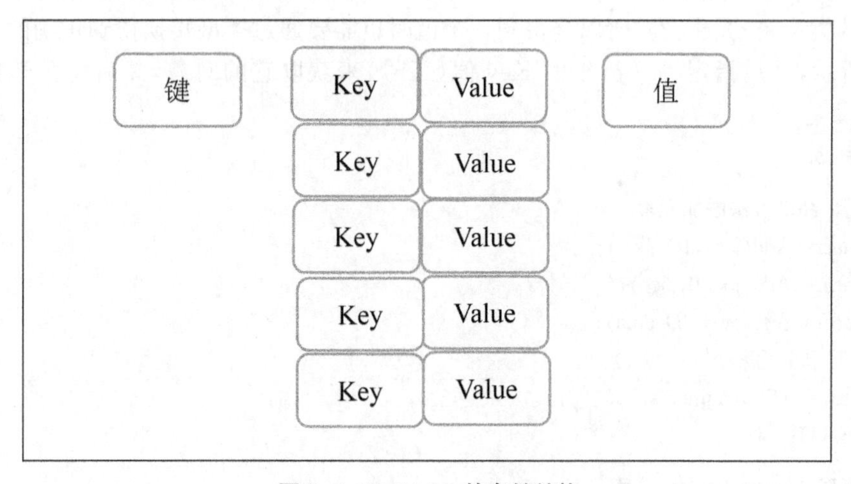

图 3.6　Hashtable 的存储结构

Hashtable 也属于 System.Collections 命名空间，它的每个元素都是一个键/值对。给 Hashtable 添加一个对象，也要使用 Add ( ) 方法。但 Hashtable 的 Add 方法有两个参数，一个表示键，一个表示键所对应的值。

语法：

```
public void Add(Object key, Object value)
```

如示例 3.6 所示，我们将员工的 ID 定为 Key，员工对象作为 Value。

示例 3.6

```
1    //建立部门工程师集合
2    Hashtable engineers = new Hashtable();
3    //初始化三个工程师员工
4    SE jack = new SE();
5    jack.Name ="王小毛";
6    //其他属性赋值省略
7    SE joe = new SE();
8    //属性赋值省略
9    SE ema = new SE();
10   //属性赋值省略
11   //向 Hashtable 添加元素
12   engineers.Add(jack.ID, jack);
13   engineers.Add(joe.ID, joe);
14   engineers.Add(ema.ID, ema);
15   //打印集合元素数目
16   MessageBox.Show(string.Format("部门共包括{0}个工程师.",
17           engineers.Count.ToString()))
```

2.获取 Hashtable 的元素

和 ArrayList 不同，访问 Hashtable 元素时，可以直接通过键名来获取具体值。同样，由于值的类型是 object 类，所以当得到一个值时也需要通过类型转换得到正确的类，如示例 3.7 所示，通过指定一个员工的 Key 值（工号）来获取它的对象，然后将其转换为 SE 类型。

示例 3.7

```
//使用 Add 方法添加元素
engineers.Add(jack.ID, jack);
engineers.Add(joe.ID, joe);
engineers.Add(ema.ID, ema);
//访问单个元素
SE se2 = (SE)engineers["000"];
se2.SayHi ( );
```

3.删除 Hashtable 的元素

语法：

```
public void Remove(Object key)
```

通过 key，使用 Remove ( )方法删除 Hashtable 的元素，如示例 3.8 所示。

示例 3.8

```
//使用 Add 方法添加元素
engineers.Add(jack.ID,jack);
engineers.Add(joe.ID,joe);
engineers.Add(ema.ID,ema);
//访问单个元素
SE se2 = (SE)engineers["000"];
se2.SayHi();
//删除元素
engineers.Remove("王小毛");
```

我们看到，哈希表删除一个元素时使用的是它的 Key 值（姓名），这样就比较直观，也不会出现 ArrayList 使用索引删除时的问题。哈希表也可以使用 Clear( )方法清除所有元素，用法和 ArrayList 的情况相同，即 engineers.Clear( )。

4.遍历 Hashtable 中的元素

由于 Hashtable 不能够用索引访问，所以遍历一个 Hashtable 只能用 foreach( )方法，如示例 3.9 所示。

示例 3.9

```
1    //遍历 key
2    foreach(object obj in engineers.Keys)
3    {
4        Console.WriteLine((string)obj);
5    }
6    //遍历 value
7    foreach(object obj in engineers.Values)
8    {
9        SE se = (SE)obj;
10       Console.WriteLine(se.Name);
11   }
```

这里分别对 engineers.Keys 和 engineers.Values 遍历，而不是对 engineers 对象本身遍历。通常情况下，我们采用这种方式遍历 Value 和 Key 的值。注意：遍历出来的 obj 是 object 类型，需要进行类型转换。

材料：

遍历 Hashtable 还可以采用下面的方式：

```
foreach(DictionaryEntry en in engineers)
{
    Console.WriteLine(en.Key);
    Console.WriteLine(en.Value);
}
```

DictionaryEntry 是一个结构，定义为可设置或者检索的 Hashtable 的键/值对。

3.2 泛型和泛型集合

通过 ArrayList 和 Hashtable 存储的数据类型都会被转换为 object 类型，这意味着同一个集合中可以加入不同类型的数据。那么这样对数据的操作会有什么样的影响呢？

我们来看一段程序，该程序将 MyOffice 中的项目经理对象（PM）也加入到程序员（SE）集合中，如示例 3.10 所示。

示例 3.10

```
1   //建立部门工程师集合
2   ArrayList engineers = new ArrayList();
3   //初始化三个工程师员工，代码省略
4   //创建项目经理对象
5   PM pm = new PM();
6   pm.Age = 50;
7   pm.Gender = Gender.male;
8   pm.Name ="盖茨";
9   pm.YearOfExperience = 28;
10  pm.ID="8230";
11  //添加员工
12  engineers.Add(jack);
13  engineers.Add(joe);
14  engineers.Add(ems);
15  //添加一个项目经理对象
16  engineers.Add(pm);
17  //打印集合数目
18  MessageBox.Show(string.Format("部门共包括{0}个工程师.",
19          engineers.Count.ToString()));
20  //遍历
21  foreach(object obj in engineers)
22  {
23          SE engineer = (SE)obj;
24          MessageBox.Show(engineer.SayHi());
25  }
```

在示例 3.10 中，先向 ArrayList 集合中添加了三个 SE 对象，然后加入一个 PM 对象，这时程序正常，集合中有四个对象，打印集合中元素数量如图 3.7 所示。但是遍历集合的过程中就出现了异常。这种情况其实很容易理解，因为在集合中保存了 PM 对象，将它强行转换为员工类型，当然会出错了。根本原因在于 ArrayList 和 Hashtable 集合认为每个元素都是 object 类，所以在添加元素时，并不会做严格的类型检查。

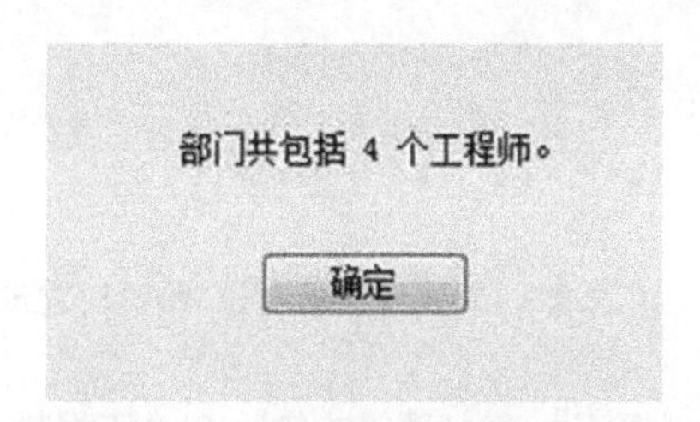

图 3.7　PM 对象加入到员工集合

有没有什么好的方法限制集合中元素的数据类型呢？下面将详细介绍使用泛型集合来保存数据的方法。泛型集合是类型安全的，定义时即限定了集合中的数据类型。

3.2.1 泛型

泛型是 C# 2.0 中的一个新特性。通过泛型可以定义类型安全的数据类型，它的最常见应用就是创建集合类，可以约束集合类中的元素类型。比较典型的泛型集合是 List<T>和 Dictionary<K,V>。下面分别对这两种泛型集合进行详细的说明。

3.2.2 泛型集合 List<T>

在 System.Collections.Generic 命名空间中定义了许多泛型集合类，这些类可以用于代替我们前面学习的 ArrayList 和 Hashtable。List<T>类的用法非常类似于 ArrayList，从示例 3.11 中可以看出，虽然使用方法类似，但是 List<T>有更大程度的类型安全性。

定义一个 List<T>泛型集合的语法如下：

```
List<T> 对象名 = new List<T>();
```

“<T>”中的 T 可以对集合中的元素类型进行约束，T 表明集合中管理的元素类型。有了泛型集合 List<T>，我们可以把示例 3.10 进行修改，对集合元素的数据类型进行约束，就不会再出现类型转换异常的问题，如示例 3.11 所示。

示例 3.11

```
1   //建立部门工程师集合
2   List<SE> engineers = new List<SE>();
3   //初始化三个工程师员工
4   SE jack = new SE ( );
5   //属性赋值省略
6   SE joe = new SE ( );
7   //属性赋值省略
8   SE ema = new SE ( );
9   //属性赋值省略
10  //创建项目经理对象
11  PM pm = new PM ( );
12  //属性赋值省略
```

```
13    //添加元素
14    engineers.Add(jack);
15    engineers.Add(joe);
16    engineers.Add(ema);
17    engineers.Add(pm);   //添加一个项目经理对象,编译时立即报错
18    //打印集合元素数目
19    MessageBox.Show(string.Format("部门共包括{0}个工程师.",
20            engineers.Count.ToString ( )));
```

示例 3.11 定义了一个特殊的集合类型"List<SE>",它表示这个集合只接收 SE 类型的元素。当试图把 PM 类型的数据加入到集合中时,编译就无法通过。

我们看到 List<T>添加一个元素的方法和 ArrayList 是一样的。其实,获取元素、删除元素,以及遍历一个 List<T>的方法和 ArrayList 是类似的,如示例 3.12 所示。

示例 3.12

```
1    //通过索引访问
2    SE engineer = engineers[0];
3    engineer.SayHi();
4    //通过索引或者对象删除
5    engineers.RemoveAt(0);
6    engineers.Remove(ema);
7    //打印集合数目
8    MessageBox.Show(string.Format("部门共包括{0}个工程师.",
9            engineers.Count.ToString()));
10   //遍历
11   foreach(SE se in engineers)
12   {
13           //遍历时无须类型转换
14           MessageBox.Show(se.SayHi());
15   }
```

很明显,List<T>的使用方法和 ArrayList 类似,只是 List<T>无须类型转换。我们在这里对 List<T>和 ArrayList 做一个对比,见表 3-1。

表 3-1　List<T>与 ArrayList 的区别

	List<T>	ArrayList
不同点	对所保存元素做类型约束	可以增加任何类型
	添加/读取值类型元素无须拆箱、装箱	添加/读取值类型元素需要拆箱、装箱
相同点	通过索引访问集合中的元素	
	添加元素方法相同	
	删除元素方法相同	

3.2.3　泛型集合 Dictionary<K,V>

在 C# 中还有一种泛型集合 Dictionary<K,V>，它具有泛型的全部特性，包括编译时检查类型约束，获取元素时必须转换类型等。它存储数据的方式和 Hashtable 类似，也是通过键/值对保存元素的。

定义一个 Dictionary<K,V>泛型集合的语法如下所示：

```
Dictionary<K, V> 对象名 = new Dictionary<K, V>();
```

<K,V>中的 K 表示集合中 Key 的类型，V 表示 Value 的类型，它们的含义和 List<T>是相同的。

我们已经学习了 Hashtable 的使用方法，下面来学习 Dictionary<K,V>的使用，如示例 3.13 所示。

示例 3.13

```
1    //通过索引访问
2    //建立部门工程师集合
3    Dictionary<string, SE> engineers = new Dictionary<string, SE>();
4    //初始化三个工程师员工
5    SE jack = new SE();
6    jack.Name ="王小毛";
7    //其他属性赋值省略
8    SE joe = new SE();
9    //属性赋值省略
10   SE ema = new SE();
11   //属性赋值省略
12   //添加元素
13   engineers.Add(jack.ID, jack);
14   engineers.Add(joe.ID, joe);
15   engineers.Add(ema.ID, ema);
16   //打印集合中元素数目
17   MessageBox.Show(string.Format("部门共包括{0}个工程师.",
18            engineers.Count.ToString()));
19   //通过 key 访问元素
20   SE engineer = engineers["000"];
21   engineer.SayHi();
22   //通过 key 删除元素
23   engineers.Remove("000");
24   //打印集合数目
25   MessageBox.Show(string.Format("部门共包括{0}个工程师.",
26            engineers.Count.ToString()));
27   //遍历
28   foreach(SE se in engineers.Values)
```

```
29  {
30          MessageBox.Show(se.SayHi());
31  }
```

Dictionary<K,V>的 Key 是 string 类型,这里保存的是 SE 对象的 Name 属性。Value 是 SE 类型,保存的是程序员对象。我们同样能够看到,添加一个元素、获取一个元素、删除一个元素以及遍历整个集合时的方法和 Hashtable 是一样的,只是由于泛型集合的特性无须进行类型转换。Dictionary<K,V>和 Hashtable 的对比如表 3-2 所示。

表 3-2 Dictionary<K,V>和 Hashtable 的对比

	Dictionary<K,V>	Hashtable
不同点	对所保存元素做类型约束	可以增加任何类型
	添加/读取值类型元素无须拆箱、装箱	添加/读取值类型元素需要拆箱、装箱
相同点	通过 Key 获取 Value	
	添加元素方法相同	
	删除元素方法相同	
	遍历方法相同	

材料:

遍历 Dictionary 还可以采用下面的方式:

```
foreach(KeyValuePair<string, string> en in engineers)
{
    Console.WriteLine(en.Key);
    Console.WriteLine(en.Value);
}
```

KeyValuePair<TKey, TValue>是一个泛型结构,定义为可设置或者检索的键/值对.

3.2.4 泛型类

泛型不仅提供了泛型集合,还可以使用泛型类。

泛型类的定义如下:

```
public class 类名<T>
{
    //...
}
```

T 代表具体的数据类型,可以是类类型,也可以是基本数据类型。

在泛型类中需要有 T 类型的字段或者方法,如示例 3.14 所示。

示例 3.14

```
1   //下拉项类,该类的_itemValue 支持任意的数据类型
2   class ComboBoxItem<T>
3   {
4       private string _itemText;//显示的文字
5       public string ItemText
6       {
7           get { return _itemText; }
8           set { _itemText = value; }
9       }
10      private T _itemValue;     //实际的对象
11      public T ItemValue
12      {
13          get { return _itemValue; }
14          set { _itemValue = value; }
15      }
16  }
17  //创建 ComboBox 项,运行时确定泛型类支持的数据类型
18  ComboBoxItem<SE> itemJack = new ComboBoxItem<SE>();
19  itemJack.ItemText = jack.Name;
20  itemJack.ItemValue = jack;
21  ComboBoxItem<SE> itemJoe = new ComboBoxItem<SE>();
22  itemJoe.ItemText = joe.Name;
23  itemJoe.ItemValue = joe;
24  //创建 Items
25  List<ComboBoxItem<SE>> items = new List<ComboBoxItem<SE>>();
26  items.Add(itemJack);
27  items.Add(itemJoe);
28  //绑定
29  this.cmbEngineers.DataSource = items;
30  this.cmbEngineers.DisplayMember ="ItemText";
31  this.cmbEngineers.ValueMember ="ItemValue";
32  //下拉选项改变
33  private void cmbEngineers_SelectedIndexChanged(object sender,
34          EventArgs e)
35  {
36      if(cmbEngineers.SelectedIndex>0)
37      {
38          SE se = (SE)cmbEngineers.SelectedValue;
39          MessageBox.Show(string.Format("工号:{0}", se.ID.ToString()));
40      }
41  }
```

泛型类相当于一个口袋类，它支持任意的数据类型，具体数据类型在程序运行时确定。示例 3.14 创建了支持员工(SE)类型的 ComboBoxltem。

泛型有以下优点：

• 性能高。我们知道 ArrayList 添加的元素都是 object 类型，如果添加一个值类型；就需要把它转换为引用类型；而取出这个元素时又需要转换为它对应的值类型，这就需要装箱和拆箱的操作，而泛型无须进行类型的转换操作。

• 类型安全。泛型集合对它所存储的对象做了类型的约束，不是它允许存储的类型是无法添加到泛型集合中的。

• 实现代码的重用。泛型就相当于模板，由于它支持任意的数据类型，使得开发人员不必花力气为每种特定的数据类型编写一套方法，因此具有极大的可重用性。

本章总结

• ArrayList 集合可以动态维护，访问元素时需要转换类型。

• ArrayList 集合删除数据时，可以通过索引或者对象名访问其中的元素。

• Hashtable 类似于生活中的字典，它的元素都是以键/值对的形式存在。访问其中的元素需要进行类型转换，遍历 Hashtable 时，可以遍历其 Value 或 Key。

• Hashtable 不能通过索引访问，只能通过键访问值。

• 泛型集合可以约束它所存储的对象的类型，访问集合中的元素必须进行类型转换。

• List＜T＞和 ArrayList 的用法相似，List＜T＞访问元素无须进行类型转换。

• Dictionary＜K，V＞和 Hashtable 用法相似，Dictionary＜K，V＞访问元素无须类型转换。

• 泛型集合可以作为类的一个属性，使用泛型集合必须实例化。

本章作业

一、选择题

1.在 C# 中，关于 ArrayList 和 Hashtable 的说法，错误的是(　　)。

A. ArrayList 通过索引访问集合元素，Hashtable 通过 Key 访问集合元素

B. ArrayList 和 Hashtable 都可以用 RemoveAt()方法删除其中的元素

C. ArrayList 和 Hashtable 获取集合中的元素时，都需要进行类型转换

D. 在同一个 ArrayList 或者 Hashtable 中，可以储存不同类型的元素

2.下面关于泛型集合 List＜String＞ list = new List＜String＞()的操作代码错误的是(　　)。

A. list.Remove(0)

B. list.RemoveAt("王五")

C. string name = list[0]

D. string name = list["李四"]

3.下面关于泛型集合 Dictionary<String, Student> dict = new Dictionary<string, Student>()的操作代码正确的是(　　)。

A. dict.RemoveAt(0)

B. foreach (Dictionary<string, Student> stu in dict){ }

C. foreach (Student stu in dict.Keys){ }

D. foreach (Student stu in dict.Values){ }

4.下列关于泛型集合 List<T>说法错误的是(　　)。

A. List<T>获取元素时需要进行类型转换

B. List<T>是通过索引访问集合中的元素的

C. List<T>可以根据索引删除元素，也可以根据元素名称删除元素

D. 定义一个 List<T>需要实例化

5.在 C# 中，关于 List<T>和 Dictionary<K,V>的说法，正确的是(　　)。

A. List<T>和 Dictionary<K,V>都可以循环遍历整个元素对象

B. 获取元素时，List<T>需要类型转换，Dictionary<K,V>不需要

C. List<T>通过索引访问集合元素，Dictionary<K,V>通过 Key 访问集合元素

D. 在同一个 List<T>和 Dictionary<K,V>中，可以存储不同类型的元素

二、简答题

1.简述泛型集合与非泛型集合的异同。

2.指出下面代码的不合理之处，并予以改正。

```
static void Main(string [] args)
{
        Student stu1 = new Student("张三");
        Student stu2 = new Student("李四");
        Student stu3 = new Student("王五");
        Dictionary<String, Student>  dict = new Dictionary<string, Student>( );
        dict.Add(stu1.Name, stu1);
        dict.Add(stu2.Name, stu2);
        dict.Add(stu3.Name, stu3);
        //删除第二个元素
        dict.RemoveAt(1);
        //获取第一个元素
        Student student = (Student)dict[stu1.Name];
        //遍历整个集合
        foreach(Student stu in dict.Values)
        {
                Student myStudent = dict.Value;
        }
}
```

3.编写一段代码，要求如下：

• 实现公司类，它包含的属性有公司名称(CompanyName)、所属国家(Country)、产品(Product)。

• 使用泛型集合 List<T>保存公司对象。将它们填充到 ListView 控件中，参考代码如下，其中，listCompanys 是泛型集合。

```
ListViewItem item = null;
lvCompanys.Items.Clear ( );
foreach(Company cp in listCompanys)
{
        item = new ListView Item ( );
   item.Text = cp.CompanyName;
   item.SubItems.Add(cp.Country);
   item.SubItems.Add(cp.Product);
   lvCompanys.Items.Add(item);
}
```

• 单击“统计”按钮即可计算泛型集合中元素的总数，使用 MessageBox 显示。

• 选中一条公司信息，单击“删除”按钮即可将它从 ListView 控件中删除。

提示：

利用语句“this.lvCompanys.SelectedItems[0].Index;”可以获得 ListView 控件中选中项的索引。

• 单击“刷新”按钮，即可将创建的公司都显示在 ListView 中。

4.使用 Dictionary<K,V>实现第 3 题的需求。

5.有一种叫做队列的数据结构，其特点是“先进先出”，就像食堂里排队打饭一样，排队排在前边的人最先打到饭，最先离开队列。队列中的典型方法有：

```
• void EnQueue ( Object obj )  //元素入队列
• object DeQueue ( )  // 元素出队列
• void Clear ( )  //清空队列中的元素
```

请使用 List<T>模拟队列的实现。

第 4 章　深入类的方法

本章学习任务

- 理解并学会编写类的构造函数
- 学会实现方法的重载
- 理解类之间的通信

4.1　构造函数

在 MyOffice 案例中，实例化一个 SE 对象并且调用方法问好，一般采用如示例 4.1 所示代码。

示例 4.1

```
1    static void Main(string[] args)
2    {
3        SE engineer = new SE();
4        engineer.Age = 25;
5        engineer.Name ="艾边成";
6        engineer.Gender = Gender.male;
7        engineer.ID ="112";
8        engineer.Popularity = 100;
9        Console.WriteLine(engineer.SayHi());
10   }
```

我们知道要使用类的属性和方法来完成程序功能，首要任务是将类进行实例化，在示例 4.1 中通过 SE engineer = new SE ( )产生员工对象，这种产生类实例的方法被称为构造函数。示例 4.1 调用完构造函数并给 SE 对象的属性赋值，如果不赋值，系统将给类的各个字段赋予默认值。比如 int 类型将赋值为 0，bool 类型将赋值为 false，string 等引用类型将赋值为 null。

1.构造函数特点

从示例 4.1 可以看出，类的构造函数是类中的一种特殊方法，有以下特点：

- 它的方法名与类名相同。
- 没有返回类型。
- 主要完成对象的初始化工作。

问答:

问题:构造函数没有返回类型,是不是可以定义为 void?

解答:void 修饰的方法表示返回类型为空,并不代表没有返回类型,所以不能将构造函数定义为 void。

2.无参构造函数

默认的情况下,系统将会给类分配一个无参构造函数,并且没有方法体。我们可以自己编写无参构造函数,在方法体中对类的属性进行赋值,如示例 4.2 所示。

示例 4.2

```
1   public class SE
2   {
3       //无参构造函数:设置属性初始值
4       public SE()
5       {
6           this.ID ="000";
7           this.Age = 20;
8           this.Name ="无名氏";
9           this.Gender = Gender.male;
10          this.Popularity = 0;
11      }
12      //...
13  }
14  static void Main(string[] args)
15  {
16      SE engineer = new SE();
17      Console.WriteLine(engineer.SayHi());
18      Console.ReadLine();
19  }
```

程序运行结果如图 4.1 所示。

```
大家好，我是 无名氏，今年 20岁，工号是 000，我的人气值高达 0!
```

图 4.1　无参构造函数

通过示例 4.2 我们可以发现在无参构造函数中给属性赋予默认值有个明显的缺点,就是对象实例化的属性值是固定的。因此为满足对象多样化的需求不得不重新给属性赋值。有什么方法可以解决这一问题呢?示例 4.1 采用了先构造对象再给属性赋值的方法，但在这种情况下，如果属性太多，忘了给某个属性赋值也会出现问题。

一般来讲，给方法设置参数可以调整方法的行为，使方法功能多样化。比如"public int add(int a,int b)"这个方法，可以接收两个整型的参数，因此能给它传递任何整型值以满足不同的需求。同样，构造函数也可以接收参数，用这些参数给属性赋值。

3.带参构造函数

语法：

```
public 类名(参数列表)
{
        //方法体
}
```

参数列表一般用来给类的属性赋值。我们仍以 SE 对象的初始化为例来说明带参构造函数的用法，如示例 4.3 所示。

示例 4.3

```
1    public class SE
2    {
3        //带参构造函数
4        public SE(string id, string name, int age, Gender gender,
5                int popularity)
6        {
7            this.ID = id;
8            this.Name = name;
9            this.Age = age;
10           this.Gender = gender;
11           this.Popularity = popularity;
12       }
13       //...
14   }
15   static void Main(string[] args)
16   {
17       //调用带参构造函数,实例化一个员工对象
18       SE engineer = new SE("112","艾边成",25,Gender.male,100);
19       Console.WriteLine(engineer.SayHi());
20       Console.ReadLine();
21   }
```

程序运行结果如图 4.2 所示。

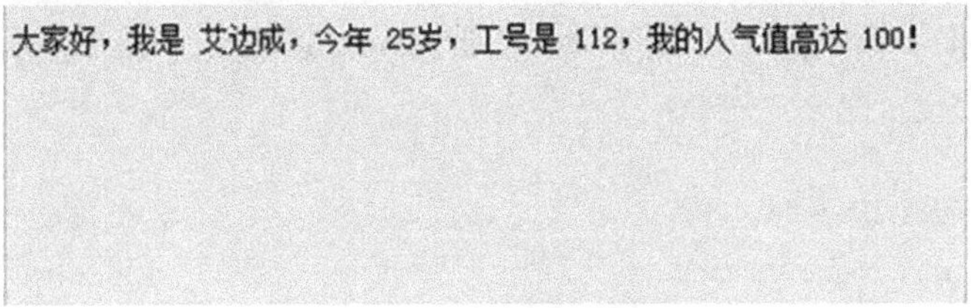

```
大家好，我是 艾边成，今年 25岁，工号是 112，我的人气值高达 100!
```

图 4.2　带参构造函数

示例 4.3 定义了一个带参构造函数，很显然，带参构造函数的灵活性更好，它通过参数来动态控制生成的对象的特征，能够避免像示例 4.1 那种给众多属性赋值带来的麻烦。

常见错误

刚刚学习了带参数的构造函数，那么这种构造函数有什么需要注意的呢？我们来看下面一段代码，代码中有一个 Cat 类，可以通过带参构造函数创建 Cat 对象。

```
1    class Cat
2    {
3        public Cat(int age, string name, string brand)
4        {
5            this.Age = age;
6            this.Name = name;
7            this.Brand = brand;
8        }
9        private int Age{get;set};
10       //其他属性省略
11   }
12   static void Main(string[] args)
13   {
14       Cat cat = new Cat("欢欢",2,"波斯猫");
15       Console.WriteLine(cat.Name);
16   }
```

从程序中可以看到，在带参构造函数的调用上出了问题。对照 Cat 类构造函数的定义，我们发现第一个参数应为 int 类型，而调用时传入的第一个参数却为 string 类型，由于参数类型的不对应而导致了错误。所以说，调用带参构造函数一定要使传入的参数和参数列表相对应。

4.隐式构造函数

SE 类中只有一个带参的构造函数，现在要创建两个 SE 对象，程序如示例 4.4 所示。

示例 4.4

```
1    //员工类
2    public class SE
3    {
4        //带参构造函数
5        public SE(string id, string name, int age, Gender gender,
6                int popularity)
7        {
8            this.ID = id;
9            this.Name = name;
10           this.Age = age;
11           this.Gender = gender;
```

```
12              this.Popularity = popularity;
13          }
14          //工号
15          public string ID{ get; set; }
16          //...
17      }
18      //主方法
19      static void Main(string[] args)
20      {
21          //实例化一个程序员对象
22          SE engineer = new SE("112","艾边成",25,Gender.male,100);
23          Console.WriteLine(engineer.SayHi());
24          //实例化另一个程序员对象
25          SE joe = new SE();
26          joe.Age = 23;
27          joe.Name ="周杰";
28          joe.Gender = Gender.male;
29          joe.ID ="111";
30          joe.Popularity = 100;
31          Console.ReadLine();
32      }
```

编译器告诉我们"SE 不包含采用 0 参数的构造函数",也就是说 SE 类缺一个无参构造函数。在学习无参构造函数时我们讲过,当不给类编写构造函数时,系统将自动给类分配一个无参构造函数,即隐式构造函数。C# 有一个规定,一旦类有了构造函数,就不再自动分配隐式构造函数,因此示例 4.4 才会报错。

问答:

问题:通过以上示例,我们发现构造函数的访问修饰符都是 public 的,是不是所有的构造函数都是 public 的呢?

解答:一般情况下构造函数的访问修饰符是 public,不过 C# 中也有私有构造函数,我们将在讲解设计模式时介绍。

材料:

C# 3.0 开始提供对象初始化器的特性,可以简化对象的构造。比如"engineer = new SE("112","艾边成",25,Gender.male,100);"的代码用对象初始化器可以写为:

```
SE engineer = new SE
{
    ID ="112",
    Name ="艾边成",
```

```
        Age = 25,
        Gender = Gender.male,
        Popularity = 100
    };
```

表面上看代码没有减少,实际上,对象初始化器不用编写带参构造函数就可以直接使用。

4.2 方法重载

4.2.1 构造函数的重载

要解决示例 4.4 中的问题,我们只需要给 SE 类再添加一个无参构造函数就可以了。此时 SE 类的结构如下:

```
public class SE
{
    //带参构造函数
    public SE(string id, string name, int age, Gender gender, int
            popularity)
    {
        this.ID = id;
        this.Name = name;
        this.Age = age;
        this.Gender = gender;
        this.Popularity = popularity;
    }
    //无参构造函数
    public SE ( ){   }
}
```

从这段程序我们可以明显地看出,现在 SE 类有两个名字相同但参数个数不同的构造函数。很明显多个构造函数提供了多种实例化一个类的方式,这种方式被称为方法重载。构造函数的重载是方法重载的一种特殊方式。

在实际生活中,处处可见方法重载的身影。比如:某个明星既可以弹奏乐器,又可以拍电影,还可以唱歌。虽然表演的行为各不相同,但毫无疑问,我们都称这个行为为表演。表演这一行为就构成了生活中的方法重载。

如何用代码模拟这种情形呢?我们通过如下效果图进行分析(见图 4.3)。

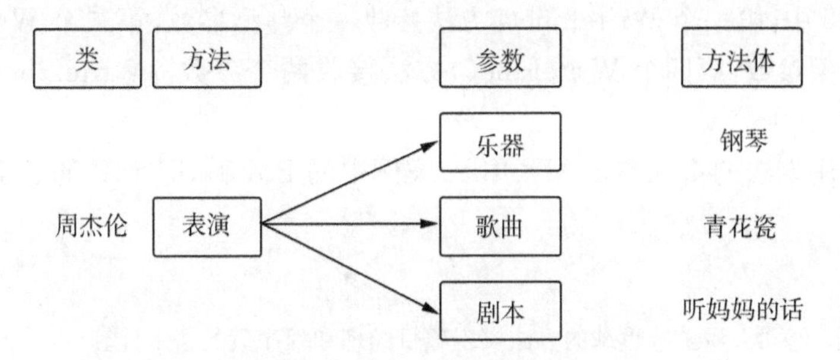

图 4.3　生活中的方法重载

从图 4.3 中我们可以分析出如下的结果：

- 把演员抽象成一个类 Player。
- Player 有三个方法，都是表演 Play( )。
- 这三个方法有不同的参数，分别是乐器、歌曲和剧本。
- 三个方法的实现各不相同。

于是这个类可以用如下代码表示：

```
public class Player
{
    public void Play(乐器){//弹奏乐器}
    public void Play(歌曲){//演唱歌曲}
    public void Play(剧本){//根据剧本表演}
}
```

从以上示例我们可以总结出方法重载的特点：

- 方法名称相同。
- 方法参数类型不同。
- 在同一个类中。

接下来通过一些示例来学习方法重载。

4.2.2　方法重载示例

实际上在第一学期我们已经多次用到了方法重载，比如常用的 Console.WriteLine( ) 方法，就提供了输出的多种重载方法，如示例 4.5 所示。

示例 4.5

```
public static void Main(string []args)
{
    Console.WriteLine(8);
    Console.WriteLine(10.48);
    Console.WriteLine("Hello");
    Console.WriteLine("Hello,{0}", name);
}
```

在示例 4.5 中,第一个 WriteLine()方法接收一个整型参数,第二个 WriteLine()方法接收一个浮点型参数,第四个 WriteLine()方法接收两个参数。WriteLine()提供了多种重载方法,满足各种需要。

下面我们用方法的重载实现 MyOffice 案例中的 PM 和 SE 对象的工资计算,如示例 4.6 所示。

示例 4.6

```
1    //薪水计算类,用函数重载的方法实现项目经理和程序员的薪水计算
2    class CompSalary
3    {
4        //项目经理的薪水计算
5        public static void Pay(PM pm)
6        {
7            float money = pm.BasePay + pm.MgPrize + pm.Bonus;
8            Console.WriteLine("项目经理的薪水:"+money);
9        }
10       public static void Pay(SE se)
11       {
12           float money = se.BasePay + se.MeritPay;
13           Console.WriteLine("程序员的薪水:" + money);
14       }
15   }
16   static void Main(string[] args)
17   {
18       //实例化一个程序员对象
19       SE engineer = new SE("112","艾边成",25,Gender.male,100);
20       engineer.BasePay = 4000;
21       engineer.MeritPay = 3000;
22       //实例化一个项目经理
23       PM ren = new PM("890","乔布斯",50,Gender.male,10);
24       ren.BasePay = 8000;
25       ren.MgrPrize = 4000;
26       ren.Bonus = 2000;
27       //计算工资
28       CompSalary.Pay(engineer);
29       CompSalary.Pay(ren);
30       Console.ReadLine();
31   }
```

程序运行结果如图 4.4 所示。

程序员的薪水：7000
项目经理的薪水：14000

图 4.4　用重载计算不同级别员工的薪水

示例 4.6 通过 Pay( )方法的重载计算项目经理和程序员的薪水。假如我们不用方法的重载会怎样呢？比如计算程序员薪水用 PaySE(SE se)方法，而计算项目经理的薪水用 PayPM(PM pm)方法不是也能完成计算薪水的任务吗？但是大家想，需要计算薪水的人可能还有其他的类型，比如股东。假设需要计算薪水的人的类型为一百万种，那么将不得不写一百万个不同的方法，此时必然会导致一个无奈的问题——不知道怎么给方法起名字了。对于调用方法的人来说，需要从一百万个方法中挑选适合自己要传的参数的方法，非常麻烦。所以方法重载不但能避免命名的麻烦，还使调用者不必再对参数类型做判断而直接调用。

常见错误

如果方法名相同，但返回类型不同，可以称为重载方法吗？比如将示例 4.6 的 CompSalary 改成如下代码。

```
class CompSalary
{
    public static void Pay(SE se)
    {
        float money = se.BasePay + se.MeritPay;
        Console.WriteLine("程序员的薪水:" + money);
    }
    public static string Pay(SE se)
    {
        float money = se.BasePay + se.MeritPay;
        return money.ToString ( );
    }
}
```

编译器告诉我们“已经定义了一个名为 Pay 的具有相同参数类型的成员”，也就是说编译器认为这两个方法不是重载方法。所以说仅仅名字相同，但返回类型不同的方法不是重载方法，不能存在于同一个类中。

4.3　对象交互

4.3.1　概述

在面向对象的世界里，一切皆为对象。对象与对象相互独立，互不干涉，只有在一定外力的作用下，对象之间才会开始分工协作。

就如同蚂蚁巢穴，平时一片安静，如果在蚁巢附近放置一些甜食，蚂蚁闻到，就会开始四处收集甜食。在收集甜食的活动中，有三个对象：

- 蚂蚁对象。
- 蚁巢对象。
- 甜品对象。

在甜品这种外力的作用下，蚂蚁们开始行动，相互传递有甜品存在的信息，然后收集甜品。同样，在面向对象的程序中，对象与对象之间也存在着类似的关系。程序不运行时，对象与对象之间没有任何交互，但是在事件等外力的作用之下，对象与对象之间就开始分工协作。

每个类都有自己的特性和功能，我们把它们封装为属性和方法。对象之间通过属性和方法进行交互，可以认为方法的参数以及方法的返回值都是对象间相互传递的信息。

4.3.2 对象交互实例

了解了对象交互的基本概念，我们将通过讲解两个具体例子来加深对对象交互的理解。如示例 4.7 所示，通过遥控器指挥电视机的例子来说明对象间的交互过程。

示例 4.7

```
1    //遥控器类
2    public class RemoteControl
3    {
4        //开机
5        public void TurnOn(Televisio tv)
6        {
7            tv.Open();//调用电视机对象的开机方法
8        }
9        //关机
10       public void TunnOff(Television tv)
11       {
12           tv.TurnOff();//调用电视机对象的关机方法
13       }
14       //换台
15       public void ChangeChannel(Television tv)
16       {
17           Console.Write("请输入频道号:");
18           string channelNo = Console.ReadLine();
19           tv.Change(channelNo);
20       }
21   }
22   //电视机类
23   public class Television
```

```
24  {
25        private Boolean isOn = false;//是否开机
26        //打开电视
27        public void Open()
28        {
29            if(isOn)
30            {
31                Console.WriteLine("电视机已打开!");
32            }
33            else
34            {
35                Console.WriteLine("成功打开电视!");
36                isOn = true;
37            }
38        }
39        //关机
40        public void TurnOff()
41        {
42            if(isOn)
43            {
44                Console.WriteLine("正在关机...");
45                isOn = false;
46            }
47            else
48            {
49                Console.WriteLine("电视机已关闭");
50            }
51        }
52        //换台
53        public void Change(string channelNo)
54        {
55            if(isOn)
56            {
57                Console.WriteLine("正在切换到{0}台",channelNo);
58            }
59        }
60  }
61  //Main方法
62  static void Main(string[] args)
63  {
64        RemoteControl controler = new RemoteControl();
65        Television tv = new Television();
```

```
66          //开机
67          controler.TurnOn(tv);
68          //切换频道
69          controler.ChangeChannel(tv);
70          //关机
71          controler.TunnOff(tv);
72          Console.ReadLine();
73      }
```

示例 4.7 给我们演示了遥控器对象和电视机对象交互的过程。

(1)首先实例化遥控器对象(controler)和电视机对象(tv)。

(2)电视机对象(tv)作为参数传递给遥控器对象(controler)的公开方法(TurnOn),遥控器告诉电视机打开电视。

(3)在 TurnOn( )方法中,电视机对象调用方法 Open()播放电视节目。具体电视节目是如何播放的,遥控器不必关心。

(4)经过上面三个步骤,电视机和遥控器完成点播电视节目的活动。

从示例 4.7 可以看出,对象间交互主要通过参数传递、方法调用以及属性操作等来实现。

示例 4.8 通过模拟顾客点餐给我们展示了稍为复杂一些的例子,这里需要交互的对象涉及顾客、服务员和厨师,服务员同时协调顾客和厨师,交互的流程如图 4.5 所示。

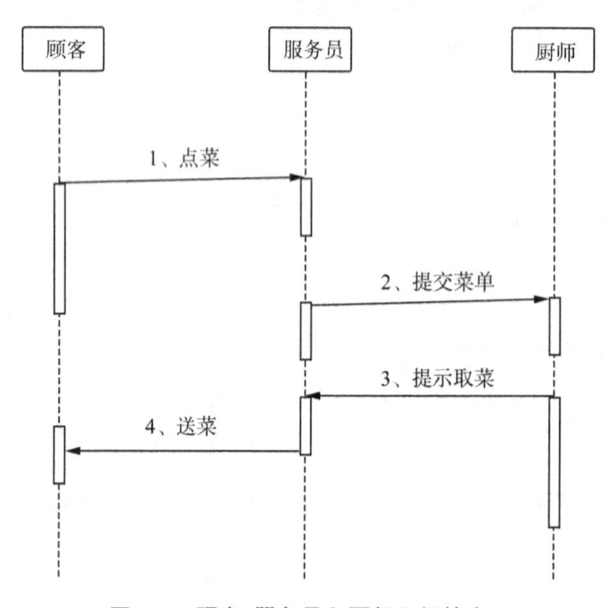

图 4.5 顾客、服务员和厨师之间的交互

示例 4.8

```
1    //菜单类
2    public class Order
3    {
```

```
4	    public Client customer;
5	    public int id;                    //餐桌号
6	    public string mealList;   //点的菜单
7	}
8	//顾客类
9	public class Client
10	{
11	    //点菜
12	    public void Order(Waitress waitress, Order order)
13	    {
14	        Console.WriteLine("顾客开始点菜:{0}!", order.mealList);
15	        waitress.GetOrder(order);
16	    }
17	    //用餐
18	    public void Eat()
19	    {
20	        Console.WriteLine("客人用餐!");
21	    }
22	}
23	//服务员类
24	public class Order Waitress
25	{
26	    private Order order;
27	    //记录客人的点餐
28	    public void GetOrder(Order order)
29	    {
30	        this.order = order;
31	    }
32	    //给厨师提交菜单
33	    public void SendOrder(Chef chef)
34	    {
35	        Console.WriteLine("服务员将菜单{0}传给厨师", order.mealList);
36	        chef.GetOrder(order);
37	    }
38	    //传菜
39	    public void TransCook()
40	    {
41	        Console.WriteLine("服务员将菜{0}送给客户{1}!", order.mealList,
42	                order.id);
43	        order.customer.Eat();
44	    }
45	}
```

```
46  //厨师类
47  public class Chef
48  {
49      private Order order;
50      //获得菜单
51      public void GetOrder(Order order)
52      {
53          this.order = order;
54      }
55      //厨师做菜
56      public void Cook()
57      {
58          Console.WriteLine("厨师烹制:{0},order.mealList");
59          Console.WriteLine("制作完毕");
60      }
61      //提醒饭菜制作完毕
62      public void SendAlert(Waitress waitress)
63      {
64          Console.WriteLine("厨师提示服务员取菜!");
65          waitress.GetOrder(order);
66      }
67  }
68  //Main 方法
69  static void Main(string[] args)
70  {
71      //初始化客户、服务员、厨师
72      Client wang = new Client();
73      Waitress waitress = new Waitress();
74      Waitress zhang = new Waitress();
75      Chef chef = new Chef();
76      //初始化点菜单
77      Order order = new Order();
78      //设置订了该菜单的顾客
79      order.customer = wang;
80      order.id = 100;
81      order.mealList ="水煮鱼";
82      //顾客 client 选中 waitress 服务员给自己服务
83      wang.Order(waitress,order);
84      //服务员将菜单信息告知厨师 chef
85      waitress.SendOrder(chef);
86      //厨师根据菜单做菜
87      chef.Cook();
```

```
88            chef.SendAlert(zhang);
89            zhang.TransCook();
90            Console.Read();
91    }
```

结合图 4.5 和示例 4.8 可以看出，此事件流程是顾客将菜单传给服务员，服务员将菜单传给厨师，厨师做完菜后服务员再将做好的菜传递给顾客。在这个点餐活动中，顾客无须知道厨师是如何做菜的，厨师也不必知道是谁点的菜。

常见错误

在示例 4.8 的 Main ( )方法中，创建菜单对象时，给菜单对象的成员 customer 赋值，使这个属性实例化。如果没有给对象属性初始化，会导致什么后果呢?

编译器将提示“未将对象引用设置到对象的实例”。说明对象间协作时，各个对象都应该经过初始化，即不能是一个空对象。如果对象为空，它的行为将无法展现。

经验：

一旦程序报错“未将对象引用设置到对象的实例”，我们就可以认定某个对象没有实例化。通过错误代码找到是哪个对象没有实例化，做相应的修改即可。

本章总结

通过本章的学习，你应该会编写构造函数和重载构造函数，并且学会使用方法的重载，理解对象间的交互协作。

- 带参数的构造函数提供了初始化对象时的多种选择，我们可以有选择地初始化相应的属性。
- 如果没有给类添加显式构造函数，那么系统在初始化对象时会调用隐式构造函数，并给属性赋予系统默认值。
- 构造函数通常与类名相同，构造函数不声明返回值，一般情况下，构造函数总是 public 类型的。根据普遍的经验，我们在做开发时，一般不在构造函数中做对类的实例初始化以外的事情，不要尝试显式地调用构造函数。
- 方法重载是指方法名相同，而参数类型和参数个数不同。在同一个类中，构造函数和普通方法都可以重载。
- 面向对象的程序中，对象通过公开方法和属性完成与其他对象的交互。

本章作业

一、选择题

1.在 C# 中关于构造函数的描述错误的是(　　)。

A. 一个类的构造函数必须与类名相同

B. 在类中可以显示调用类的构造函数

C. 构造函数一般来说是 public 的

D. 构造函数可以有返回值

2.在 C#中,下列几种重载方法存在错误的是(　　)。

A. public void GetStudent(string name)和 public void GetStudent(int age)

B. public void GetStudent(string name)和 public string GetStudent(string name)

C. pulic void GetStudent ( )和 public void GetStudent(string name,int age)

D. public void GetStudent(string name)和 public void GetStudet(string name,int age)

3.分析下面一段程序,判断选项中初始化对象错误的是(　　)。

```
public class Table
{
    private int width;
    private int height;
    private int id;
    public Table(int width, int height, string id)
    {
        this.width = width;
        this.height = height;
        this.id = id;
    }
    public Table(int height)
    {
        this.height = height;
    }
    public Table(int height, int width)
    {
        this.height = height;
        this.width = width;
    }
}
```

A. Table myTable = new Table(10 , 10 ,"table")

B. Table myTable = new Table(10 , 10)

C. Table myTable = new Table(10)

D. Table myTable = new Table(10)

4.关于对象间通信的说法错误的是(　　)。

A. 一个对象可以调用其他对象的公开方法

B. 一个对象在调用其他对象的方法时,必须知道它的内部实现过程

C. 类经过封装,外部对象就无法获取这个类的对象的属性值了

D. 在传递对象之前必须将对象初始化，否则容易引起异常

5.关于隐式构造函数的说法错误的是(　　)。

A. 在一个类中，经过调用隐式构造函数，该类 bool 类型的字段会初始化为 True

B. 如果没有显式地给类写构造函数，系统就会调用隐式构造函数

C. 隐式构造函数没有参数

D. 如果显式地给类编写构造函数，系统不会给类分配隐式构造函数

二、简答题

1.简述构造方法的特点。

2.编写控制台应用程序，添加一个 Add 类。

• 添加一个方法 Sum ( )，返回类型为 int，有两个 int 型参数。该方法计算两个参数的和。

• 添加 Sum ( )方法的重载方法，返回类型为 double，有三个 double 类型的参数。该方法计算三个参数的和。

• 添加 Sum ( )方法的重载方法，返回类型为 string，有两个 string 类型的参数。该方法计算两个参数拼接后的结果。

运行结果如图 4. 6 所示。

```
7+9=16
4.1+2.3+3.6=10
I love+Accp=I love+Accp
请按任意键继续...
```

图 4. 6　Sum( )方法重载的运行结果

3.编程模拟蚂蚁寻找甜品、通知同伴、运送甜品的过程。

4.某游戏中有战士角色，战士的属性有级别、战斗力、生命值等。请编写战士类的重载构造函数，要求如下。

• 构造函数 1：创建战士对象后，战士具有 10000 的生命值。

• 构造函数 2：在创建战士对象时，可以给战士指定级别、战斗力、生命值。

5.指出下列代码中的错误。

```
class calc
{
    public string add(string left, string right)
    {
        return left + right ;
    }
    public int add(int left , int right )
    {
        return left + right;
    }
    public double add(int left , int right )
```

```
    {
        return double.Parse(left.ToString ( )) + double.Parse (right.ToString ( ));
    }
}
```

第 5 章　指导学习:体检套餐管理系统

本章学习任务

- 学会使用泛型集合访问、存储数据
- 学会编写类的构造函数

5.1　复习串讲

5.1.1　难点突破

表 5-1 中列出了本学习阶段的难点,这些技能你都掌握了吗?

表 5-1　开发进度记录表

难点	感到疑惑的地方	突破方法	是否掌握
CLR 的作用及组成			
.NET 程序编译过程			
值类型和引用类型			
拆箱和装箱			
静态成员和静态方法			
构造函数、方法重载			
集合			

如果还存在疑惑,请写下你感到疑惑的地方。我们可以通过复习教材、从网上查找资料、和同学探讨以及向老师请教等方法突破这些难点。如果这个技能已经掌握,在"是否掌握"一栏中画上"√"。这些技能后续是学习的基础,一定要在后续学习前全部突破。

如果在学习中遇到其他难点,也请填写在表中。

5.1.2　知识梳理

前 4 章主要学习了.NET Framework、类和对象以及集合等知识,知识体系如图 5.1 所示。

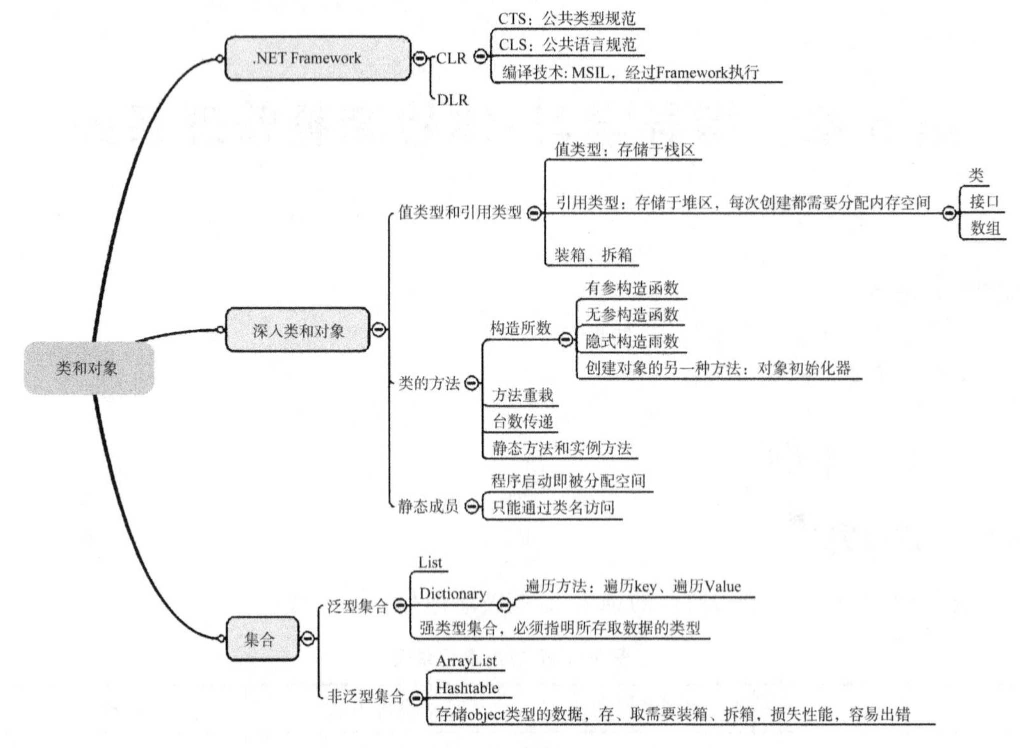

图 5.1　类和对象知识体系

5.2　综合练习

5.2.1　任务描述

本次综合练习的任务是开发“体检套餐管理系统”。体检套餐管理系统包括以下功能：

- 加载默认体检套餐。
- 体检套餐维护。

维护功能主要包括以下几个方面：

- 新建套餐。
- 显示指定套餐的项目明细。
- 向指定套餐添加检查项目信息。
- 删除套餐中的项目信息。

5.2.2　练习

分阶段完成练习。

阶段 1:实现窗体搭建

需求说明

搭建体检套餐管理系统的主窗体。

阶段 2:初始化系统默认套餐

需求说明

- 创建体检项目维护系统中的检查项目类、检查套餐类。
- 系统默认提供一种套餐"入学体检",填充检查项目对象到窗体。

其中,HealthCheckItem 类表示检查项目,类中的属性说明如下。

- Description:项目描述。
- Name:项目名称。
- Price:项目价格。

HealthCheckSet 表示体检套餐,类中的属性说明如下。

- Items:HealthCheckItem 的集合。采用泛型集合 List 做存储 HealthCheckItem 的数据结构。
- Price:套餐价格,即 Items 属性中体检项目的价格之和。
- Name:套餐名称。

提示:

```
//套餐价格计算方法
public void CalcPrice ( )
{
        int totalPrice = 0 ;
        foreach (HealthCheckItem item in this.Items)
        {
                totalPrice += item.Price ;
        }
        this.Price = totalPrice ;
}
```

阶段 3:查看、删除体检套餐信息

需求说明

- 选择套餐名称,在 DataGridView 中显示套餐检查项目信息,并显示套餐价格。
- 从 DataGridView 中选中一项,单击"删除"按钮,将选中项从套餐中删除。

提示:

```
//选择"套餐"下拉列表事件
private void cboSets_SelectedIndexChanged(object sender, EventArgs e)
{
      string setName = this.cboSets.Text;
```

```
        if(setName =="选择")
        {
            this.dgvHealthList.DataSource = null;
            lblSetName.Text =" ";
            lblSetPrice.Text =" ";
            return;
        }
        //设置套餐名称
        lblSetName.Text = this.HealthSet[setName].Name;
        //设置套餐总价
        lblSetPrice.Text = this.HealthSet[setName].Price.ToString( );
        //更新套餐检查项目
        UpdateSet(HealthSet[setName]);
        //设置删除按钮为"可用状态"
        this.btnDel.Enabled = true;
    }
    //更新套餐检查项目
    private void UpdateSet(HealthCheckSet set)
    {
        this.dgvHealthList.DataSource =
            new BindingList<HealthCheckItem>(set.Item);
    }
```

删除体检项目信息的基本思路是,先从泛型集合中删除项目,然后重新绑定 DataGridView。

删除方法:RemoveAt ( )。

阶段 4:添加套餐检查项目信息

需求说明

从体检项目中选择一项,单击“添加”按钮,将选中项添加到泛型集合,并重新绑定 DataGridView。

提示:

添加操作的关键代码如下。

```
if(!this.HealthSet[cboSetText].Items.Contains(AllItems[index]))
{
    //添加检查项
    this.HealthSet[cboSetText].Items.Add(AllItems[index]);
    //重新计算总价格
    this.HealthSet[cboSetText].Items.Add(AllItem[index]);
    //重新计算总价格
```

```
        this.HealthSet[cboSetText].CalcPrice ( );
        //更新
        UpdateSet(this.HealthSet[cboSetText]);
        this.lblSetName.Text = this.HealthSet[cboSetText].Name;
        //刷新窗体集合名称
        //刷新集合
        this.lblSetPrice.Text =
              this.HealthSet[cboSetText].Price.ToString ( );
        MessageBox.Show("添加成功.","提示",
          MessageBoxButtons.OK, MessageBoxIcon.Information);
    }
    else
    {
        MessageBox.Show("该项目存在","提示",
         MessageBoxButtons.OK, MessageBoxIcon.Error);
    }
```

阶段 5:新建套餐

需求说明

录入套餐名称,单击“确定”,将新建的套餐添加到套餐集合,并在套餐下拉列表中显示。

第6章 初识继承和多态

本章学习任务

- 理解继承的概念
- 能够利用继承建立父类和子类
- 理解多态的概念
- 能够用虚方法实现多态

6.1 继承

6.1.1 继承概述

1.移除类的冗余代码

在MyOffice中,有PM类和SE类,可以通过类图对比两个类之间的关系。很显然,可以看出两个类有完全相同的属性:年龄(Age)、性别(Gender)、编号(ID)和姓名(Name),也就是说两个类中有相同的代码。如果要扩展这个程序,加入CEO(首席执行官)、CTO(首席技术官)和CFO(首席财务官)之类的角色,他们必然也有年龄、性别、编号和姓名这些属性,编码时会编写大量关于这些属性的重复代码,造成冗余。随着系统规模的扩大,冗余越来越多,从商业开发的角度考虑,这样的代码是不合适的。

如何能避免这种冗余,把冗余代码集中起来重复利用呢?

下面我们就来一步一步解决这个问题。

(1)创建一个新类Employee,将PM和SE类中的公共属性都提取出来放在这个类中。

(2)删除PM和SE类中的公共部分,保留它们各自独有的成员。

(3)编写代码验证是否成功复用代码,PM和SE还能否使用提取出来的属性。代码如示例6.1所示。

示例6.1

```
1    public class Employee
2    {
3        //工号
4        public string ID { get; set; }
5        //年龄
6        public int Age { get; set; }
7        //姓名
```

```
8        public string Name { get; set; }
9        //性别
10       public Gender Gender { get; set; }
11   }//end of employee
12   //项目经理类
13   public class PM:Employee
14   {
15       //带参构造函数,仍然可以调用抽取到 Employees 类中的属性
16       public PM(string id, string name, int age, Gender gender,
17               int yearOfExperience)
18       {
19           this.ID = id;
20           this.Name = name;
21           this.Age = age;
22           this.Gender = gender;
23           this.YearOfExperience = yearOfExperience;
24       }
25       public PM(){  }
26       //资历
27       private int _yearOfExperience;
28       public int YearOfExperience
29       {
30           get { return _yearOfExperience; }
31           set { _yearOfExperience = value; }
32       }
33       //问好,返回值:问好的内容
34       public string SayHi()
35       {
36           string meaaage;
37           message = string.Format("大家好,我是{0},今年{1}岁,项目管理
38               经验{2}年.", this.Name, this.Age, this.YearOfExperience);
39           return message;
40       }
41   }//end of PM
42   //程序员类
43   public class SE:Employee
44   {
45       //带参构造函数,仍然可以调用抽取到 Employees 类中的属性
46       public SE(string id, string name, int age, Gender gender,
47               int popularity)
48       {
49           this.ID = id;
```

```
50              this.Name = name;
51              this.Age = age;
52              this.Gender = gender;
53              this.Popularity = popularity;
54          }
55          public SE() {  }
56          //人气值
57          public int Popularity { get; set; }
58          public string SayHi()
59          {
60      string message = string.Format("大家好,我是{0},今年{1}岁,工号是{2},
61          我的人气值高达{3}!", this.Name, this.Age, this.ID, this.Popularity);
62              return message;
63          }
64      }//end of SE
65      //Main 方法,验证程序
66      static void Main(string[] args)
67      {
68          //实例化一个程序员对象
69          SE engineer = new SE("112","艾边成",25,Gender.male,100);
70          Console.WriteLine(engineer.SayHi());
71          //实例化一个 PM 对象
72          PM pm = new PM("890","盖茨",50,Gender.female,50);
73          Console.WriteLine(pm.SayHi());
74          Console.ReadLine();
75      }
```

从示例 6.1 中可以看出,将公共属性抽取到 Employee 类以后,PM 类和 SE 类的带参构造函数仍然可以给这些属性赋值。运行结果如图 6.1 所示,证明我们的验证是正确的。

```
大家好，我是 艾边成，今年 25岁，工号是 112，我的人气值高达 100!
大家好，我是 盖茨，今年 50岁，项目管理经验 50年。
```

图 6.1　抽取公共属性后的运行结果

也许你已经注意到了一个以前没有见过的用法,在定义 PM 和 SE 类的类名后面都多出了代码":Employee",如:"class PM:Employee"和"class SE:Employee"。我们把这种方式叫做类的继承(inheritance)。

2.什么是继承

我们用生活中的例子来说明什么是继承。比如在马路上跑的卡车和我们每天都乘坐

的公共汽车,它们都是汽车。卡车有自己的特征:有货舱,有它的额定载重,它的行为可以是拉货、卸货。而公共汽车的特征:有客舱,有载客量,行为有报站、停靠站等。但是它们两个都有汽车的公共特征:有车轮、可以行驶、可以刹车。这就是一种继承关系,即卡车和公共汽车都继承汽车,如图 6.2 所示。

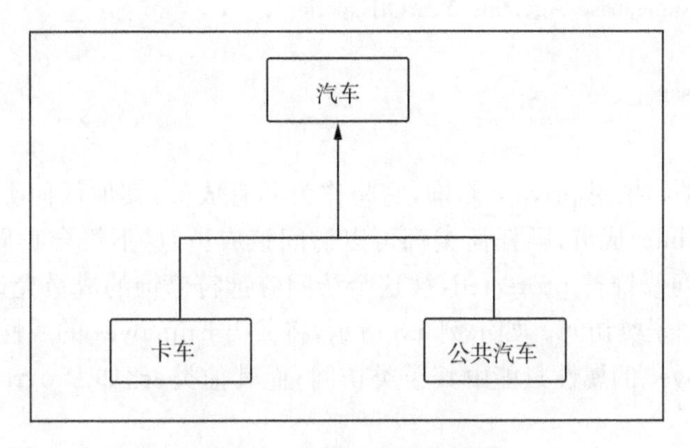

图 6.2　生活中的汽车继承

在 C# 中,一个类可以继承另一个类。例如示例 6.1 中的 PM 和 SE 类都继承 Employee 类。被继承的类称为父类或者基类,继承其他类的类称为子类或者派生类。PM 和 SE 类都是子类,Employee 是它们的父类。

继承是面向对象编程中一个非常重要的特性。在有继承关系的两个类中,子类不仅具有自己独有的成员,还具有父类的成员。

继承关系在类图中表示为一个箭头,箭头指向的是父类。在示例 6.1 中,子类 SE 继承自父类 Employee。子类继承了父类的 Age、Gender、Name 和 ID 属性,但它们也有自己的 Popularity 属性和 SayHi( )方法。

解释:

继承要符合 is-a 的关系。什么是 is-a 呢? 即"子类 is a 父类"。例如:卡车是汽车、卡车 is a 汽车;Student 是 Person,Student is a Person。

6.1.2　base 关键字和 protected 修饰符

我们都知道 this 表示当前实例,通过它可以访问类本身的成员。C# 中还有一个关键字 base,它用于表示父类,也可以用于访问父类的成员,例如调用父类的属性,调用父类的方法。现在示例 6.2 的 SayHi( )方法中调用父类的成员。

示例 6.2

```
///<summary>
///问好
///</summary>
///<returns>问好的内容</returns>
```

```
public string SayHi ( )
{
    string message;
    message = string.Format("大家好,我是{0},今年{1}岁,项目管理经验{2}年.",
        base.Name, base.Age, this.YearOfExperience
    );
    return message;
}
```

父类中的成员如果用 private 修饰,它将作为私有成员,其他任何类都无法访问。如果设置为公有(public)成员,则任何类都可以访问该成员,这不符合我们的要求。C#中提供了另一种访问修饰符 protected,被这个访问修饰符修饰的成员允许被其子类访问,而不允许被其他非子类访问。如示例 6.3 所示,将父类 Employee 的属性都改为 protected 修饰,于是 Employee 的属性只能由其子类访问;而其他类,比如 Program 类就不可以再访问了。

示例 6.3

```
1    //在 Employee 类中将属性的访问修饰符改为 protected
2    public class Employee
3    {
4        //工号
5        protected string ID { get; set; }
6        //年龄
7        protected int Age { get; set; }
8        //姓名
9        protected string Name { get; set; }
10       //性别
11       protected Gender Gender { get; set; }
12   }
13   //PM 类的构造函数
14   public PM(string id, string name, int age, Gender gender,
15                 int yearOfExperience)
16   {
17       this.ID = id;
18       this.Name = name;
19       this.Age = age;
20       this.Gender = gender;
21       this.YearOfExperience = yearOfExperience;
22   }
23   //Program 类,包含 Main 方法
24   class Program
25   {
```

```
26        static void Main(string[] args)
27        {
28            //实例化一个 PM 对象
29            PM pm = new PM("890","盖茨",50,Gender.female,30);
30            Console.WriteLine(pm.SayHi());
31            Console.ReadLine();
32        }
33    }
```

示例 6.3 展示了子类访问父类受保护成员，如果想在 Program 类中声明 Employee 对象，访问其受保护成员，会发现此时智能提示不会显示受保护成员。

声明了 Employee 对象“em，Employee em = new Employee ( )”，然后试图调用 Employee 受保护的成员，结果提示不可访问这些成员。原因是类的受保护成员只能由类本身和类的子类内部访问。

public、private 和 protected 这三种修饰符的区别见表 6-1 所示。

表 6-1　public、private 和 protected 的区别

修饰符	类内部可否访问	子类可否访问	其他类可否访问
public	可以	可以	可以
protected	可以	可以	不可以
private	可以	不可以	不可以

从表 6-1 可以看出，三种访问修饰符对类成员的访问限制强度：private＞protected＞public。

6.1.3　子类构造函数

1.隐式调用父类构造函数

子类继承父类，那么子类对象在创建的过程中，父类起了什么作用呢？现通过示例6.4展示子类对象的构造过程。

示例 6.4

```
1    public class Employee
2    {
3        public Employee()
4        {
5            Console.WriteLine("父类无参构造函数执行!");
6        }
7        public Employee(string id, int age, string name, Gender gender)
8        {
9            this.ID = id;
10           this.Age = age;
```

```
11              this. Name = name;
12              this. Gender = gender;
13          }
14          //工号
15          protected string ID { get; set; }
16          //年龄
17          protected int Age { get; set; }
18          //姓名
19          protected string Name { get; set; }
20          //性别
21          protected Gender Gender { get; set; }
22      }
23      //程序员类
24      class SE:Employee
25      {
26          //带参构造函数
27          public SE(string id, string name, int age, Gender gender,
28                      int popularity)
29          {
30              this. ID = id;
31              this. Name = name;
32              this. Age = age;
33              this. Gender = gender;
34              this. Popularity = popularity;
35          }
36          public SE(){   }
37          //人气值
38          public int Popularity { get; set; }
39          public string SayHi()
40          {
41      string message = string. Format("大家好,我是{0},今年{1}岁,工号是{2},
42          我的人气值高达{3}!", base. Name, base. Age, base. ID, this. Popularity);
43              return message;
44          }
45      }
46      //Main 方法
47      static void Main(string[] args)
48      {
49          //实例化一个程序员对象
50          SE engineer = new SE("112","艾边成",25,Gender. male,100);
51          Console. WriteLine(engineer. SayHi());
52          Console. ReadLine();
53      }
```

程序运行结果如图 6.3 所示。

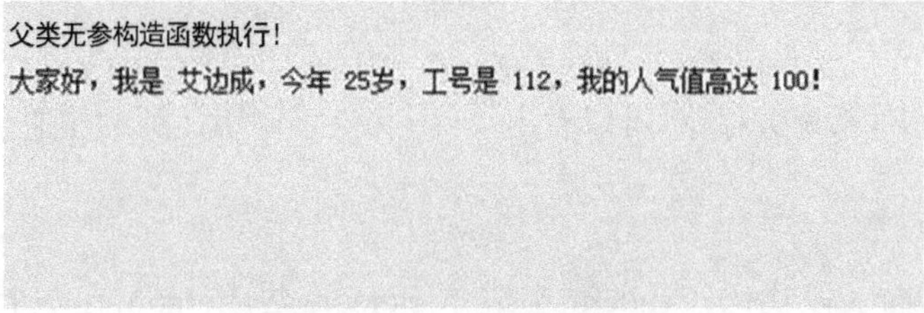

```
父类无参构造函数执行!
大家好，我是 艾边成，今年 25岁，工号是 112，我的人气值高达 100!
```

图 6.3 子类对象创建过程

示例 6.4 的主方法在调用子类 SE 的构造函数创建 SE 对象时自动调用了父类的无参构造函数。经过单步调试会发现，创建子类对象时会首先调用父类的构造函数，然后才会调用子类本身的构造函数。由于没有指明要调用父类的哪一个构造函数，所以系统隐式地调用了父类的无参构造函数。

2.显式调用父类构造函数

C# 可以用 base 关键字调用父类的构造函数，实现继承属性的初始化，然后在子类本身的构造函数中完成对子类特有属性的初始化，如示例 6.5 所示。

示例 6.5

```
//Employee 类的构造函数
public Employee(string id, int age, string name, Gender gender)
{
    this.ID = id;
    this.Age = age;
    this.Name = name;
    this.Gender = gender;
}
//SE 类构造函数
public SE(string id, string name, int age, Gender gender, int popularity):
    base(id, age, name, gender)
{
    this.Popularity = popularity;
}
```

在示例 6.5 中，SE 从 Employee 类继承的属性，如 ID、Name 和 Gender，通过 base 关键字调用父类的构造函数进行初始化，而 SE 自己特有的属性 Popularity 则在 SE 的构造函数中初始化。

常见错误 1

细心的同学已经发现，用 base 关键字调用父类传递的参数没有带数据类型。如果带上数据类型会如何呢？请看下面的代码。

```
public PM(string id, string name, int age, Gender gender, int yearOfExperience):
    base(string id, int age, string name, Gender gender)
```

```
{
    this. YearOfExperience = yearOfExperience;
}
```

在这种情况下，系统会报错，可以看出，base 关键字调用父类的构造函数时，只能传递参数。

常见错误 2

我们来看下面一段代码，Student 类继承 Person 类，Person 有一个带参构造函数。Student 类没有指明调用父类的哪一个构造函数。

```
//Person 类
class Person
{
    //构造函数
    public Person(int age, string name)
    {
        this. Age = age;
        this. Name = name;
    }
    //年龄
    public int Age { get; set; }
    //姓名
    public string Name { get; set; }
}
//Student 类
class Student :Person
{
    public Student(int age, string name, string hobby )
    {
        this. Age = age;
        this. Name = name;
        this. Hobby = hobby;
    }
}
```

在这种情况下，程序编译报错，编译器提示“不包含采用 0 参数的构造函数”。由示例 6.4 我们知道，子类构造函数若不指明用的是父类的哪个构造函数，系统将默认调用父类的无参构造函数，由于 Person 类没有无参构造函数，所以编译器报错了。

我们可以简单地给父类添加一个无参构造函数来解决这个问题。但是为了不使对父类的修改影响到其他的子类，不如在 Student 子类的构造函数中指定调用父类 Person 的哪一个构造函数。

正确的代码如下：

```
class Student : Person
{
    public Student(int age, string name, string hobby) :
        base(age, name)
    {
        this.Age = age;
        this.Name = name;
        this.Hobby = hobby;
    }
}
```

6.1.4　继承的特性

1.继承的传递性

在之前的学习中，我们说卡车和公交汽车继承汽车，也就是卡车和公共汽车都具有汽车的特征。其实卡车还可以分为小型卡车和重型卡车，公共汽车还可以分为单层公共汽车和双层公共汽车，如图 6.4 所示。

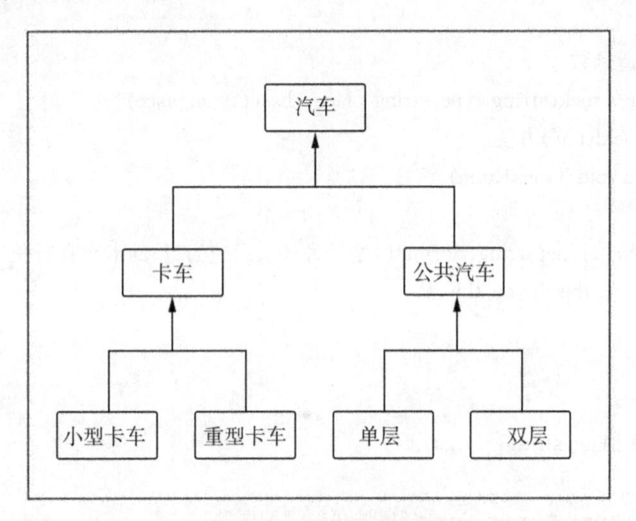

图 6.4　继承的传递性

小型卡车和重型卡车都具有卡车的特征，如载重量、拉货、卸货等。同时它也具有汽车的各种特征。继承需要符合“is a”的关系。“微型卡车 is a 卡车，卡车 is a 汽车，微型卡车 is a 汽车”，这就是继承的传递性。如示例 6.6 所示，创建汽车类(Vehicle)、卡车类(Truck)、小型卡车类(SmallTruck)，卡车继承汽车，微型卡车继承卡车。

示例 6.6

```
1    //汽车类
2    public class Vehicle
3    {
4        //型号
```

```
5          public string Type { set; get; }
6          //产地
7          public string Place { set; get;}
8          //构造函数
9          public Vehicle(string type, string place)
10         {
11             this.Type = type;
12             this.Place = place;
13         }
14         //VehicleRun()方法
15         public void VehicleRun()
16         {
17             Console.WriteLine("汽车在行驶!");
18         }
19     }
20     //卡车类
21     public class Truck:Vehicle
22     {
23         //构造函数
24         public Truck(string type, string place):base(type, place){ }
25         //TruckRun()方法
26         public void TruckRun()
27         {
28     Console.WriteLine(string.Format("型号为{0}、产地为{1}的卡车在行驶!",
29                     this.Type, this.Place));
30         }
31     }
32     //Main 方法
33     static void Main(string[] args)
34     {
35         Truck truck = new Truck("奥迪 A6", "德国");
36         truck.VehicleRun();
37         truck.TruckRun();
38         Console.ReadLine();
39     }
40     //小型卡车类
41     public class SmallTruck : Truck
42     {
43         public void SmallTruckRun ( )
44         {
45             Console.WriteLine("微型卡车在行驶!");
46         }
```

```
47        static void Main(string[] args)
48        {
49            SmallTruck smalltruck = new SmallTruck ( );
50            csmalltruck. VehicleRun ( );
51            smalltruck. TruckRun ( );
52            smalltruck. SmallTruckRun ( );
53        }
54    }
```

2.继承的单根性

我们假设这样一种情况，某类人(CharmingPerson)既有软件工程师(SportsMan)的天赋，也有音乐家(Musician)的气质，我们是否可以用以下代码来描述他呢?

```
public class CharmingPerson : SE, Musician
```

实际上，在 C# 中这样写是不对的。因为在 C# 中明确规定一个子类不能同时继承多个父类。在之后的课程中，我们将使用接口技术实现多重继承。

解释:

C# 中还有一个特殊的关键字 sealed，用它修饰的类是不能被继承的，我们称这种类为密封类。常用的 string 类就是密封类。

6.1.5　is 的应用

如果要实现 MyOffice 案例中所有人员，包括 SE 和 PM 的问好功能，并且要求所有对象都存储在泛型集合 List<T>中，该如何实现呢?

我们知道，List<T>会对类型进行约束，SE 和 PM 属于不同类型，那么怎样把它们加入到同一个集合中呢?

由于 SE 和 PM 都继承 Employee，即 SE is a Employee，PM is a Employee，所以可以定义一个 List<Employee>的集合，SE 和 PM 都可以加入到这个集合中。当要遍历集合进行问好时，只需要对每个对象的类型进行判断即可，如示例 6.7 所示。

示例 6.7

```
//实例化程序员对象
SE ai = new SE("112", "艾边成", 25, Gender.male, 100);
SE joe = new SE("113", "Joe", 30, Gender.female, 200);
//实例化 PM 对象
PM pm = new PM("890", "盖茨", 50, Gender.female, 30);
List<Employee> empls = new List<Employee>( );
empls.Add(ai);
empls.Add(joe);
empls.Add(pm);
```

```
//遍历问好
foreach(Employee empl in empls)
{
    if (empl is SE)
    {
        Console.WriteLine(((SE)emp).SayHi());
    }
    if (empl is PM)
    {
        Console.WriteLine(((PM)empl).SayHi());
    }
}
Console.ReadLine ( );
```

示例 6.7 中遍历 empls 集合时用了 is 关键字,这个关键字可用来判断对象是否属于给定的类型,如果属于则会返回 true,否则返回 false。"if (empl is SE)"表示判断 empl 对象是否是 SE 类型。

6.1.6 继承的价值

回顾我们在本章中学习的例子,体会继承的特点,它将会在开发中带来很多便利。

- 继承模拟了现实世界的关系,面向对象编程中强调一切皆对象,这符合我们面向对象编程的思考方向。
- 继承实现了代码的重用,这在示例中我们已经有所体会。合理地使用继承,会使我们的代码更加简洁。
- 继承使得程序结构清晰。子类和父类的层次结构清晰,目的是使子类只关注子类的相关行为和状态,无须关注父类的行为与状态。例如,学员只需要管理学号、爱好这种属性,而公共的姓名、年龄、性别属性则交给父类管理。

6.1.7 实现工作汇报

1.需求说明

- PM 类和 SE 类均继承 Employee,公共属性在父类构造函数中初始化。
- 实现不同员工汇报工作的方法 DoWork ( )。
- SE 通过遍历工作项,输出工作信息。
- PM 输出固定工作信息。
- 在主窗体中放置一个按钮,单击按钮,通过弹出窗体汇报工作,运行效果如图 6.5 所示。

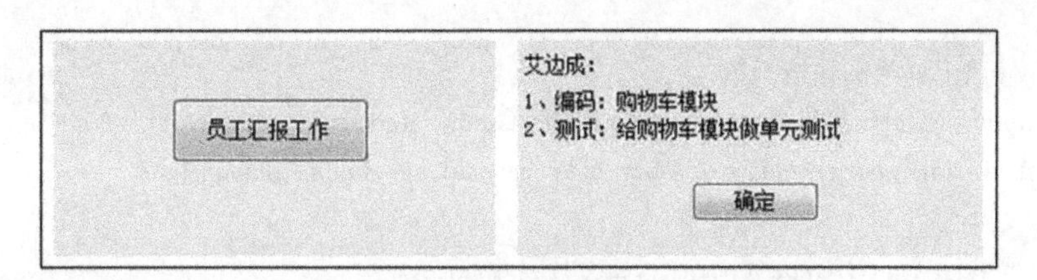

图 6.5　工作汇报运行效果

2.参考解决方案

```
1   //Job类,定义工作项目
2   public class Job
3   {
4       //工作名称
5       public string Name { get; set; }
6       //描述
7       public string Description { get; set; }
8       //构造函数
9       public Job(string name, string descrition)
10      {
11          this.Name = name;
12          this.Description = descrition;
13      }
14  }
15  //给 Employee 类添加工作列表属性
16  //工作列表
17  protected List<Job> WorkList { get; set; }
18  //EmPloyee 的构造函数
19  public Employee(string id, int age, string name, Gender gender,
20          List<Job> list)
21  {
22      this.ID = id;
23      this.Age = age;
24      this.Name = name;
25      this.Gender = gender;
26      this.WorkList = list;
27  }
28  //给 PM 类添加 DoWork()方法
29  //工作
30  public string DoWork()
31  {
32      string message = this.Name+":管理员工完成工作内容!";
33      return message;
```

```
34  }
35  //修改 PM 类的构造函数
36  public PM(string id,string name,int age,Gender gender,
37  int yearOfExperience,List<Job> list):base(id,age,name,gender,list)
38  {
39      this.YearOfExperience = yearOfExperience;
40  }
41  //给 SE 类添加 DoWork()方法
42  //工作
43  public string DoWork()
44  {
45      stringBuilder sb = new StringBuilder();
46      sb.Append(this.Name+":\\n");
47      for(int i = 0;i < this.WorkList.Count;i++)
48      {
49          sb.Append((i + 1) +"、" + WorkList[i].Name +":" + WorkList[i]
50          .Description +"\\n");
51      }
52      return sb.ToString();
53  }
54  //修改 SE 类的构造函数
55  public SE(string id,string name,int age,Gender gender,
56  int popularity,List<Job> list):base(id,age,name,gender,list)
57  {
58      this.Popularity = popularity;
59  }
60  //主窗体
61  public partial class Form1:Form
62  {
63      //员工集合
64      List<Employee> empls = new List<Employee>();
65      public Form1()
66      {
67          InitializeComponent();
68          Init();
69      }
70      //员工信息初始化
71      public void Init()
72      {
73          //实例化程序员对象
74          List<Job> list1 = new List<Job>();
75          list1.Add(new Job("编码","购物车模块"));
```

```
76              list1.Add(new Job("测试","给购物车模块做单元测试"));
77              SE ai = new SE("112","艾边成",25,Gender.male,100,list1);
78              List<Job> list2 = new List<Job>();
79              list2.Add(new Job("设计","数据库建模"));
80              list2.Add(new Job("编写文档","详细设计说明书"));
81              SE joe = new SE("113","Joe",30,Gender.female,200,list2);
82              //实例化 PM 对象
83              PM pm = new PM("890","盖茨",50,Gender.female,50,null);
84              empls.Add(ai);
85              empls.Add(joe);
86              empls.Add(pm);
87          }
88          //汇报工作
89          private void Report_Click(object sender,EventArgs e)
90          {
91              foreach(Employee emp in empls)
92              {
93                  if(emp is PM)
94                  {
95                      MessageBox.Show(((PM)emp).DoWork(),"汇报");
96                  }
97                  if(emp is SE)
98                  {
99                      MessageBox.Show(((SE)emp).DoWork(),"汇报");
100                 }
101             }
102         }
103     }
```

6.2　多态

6.2.1　解决继承带来的问题

回顾示例 6.7,我们在遍历员工集合、实现问好功能时,需要用 is 关键字判断每个员工的类型。这会带来一个问题,如果 Employee 类的子类非常多,SayHi ( )方法各不相同,那么在程序中就要对众多的对象编写非常多的 if 语句进行判断,使程序变得庞大,扩展困难。如何解决这个问题呢? 如示例 6.8 所示。

示例 6.8

```
1   //修改 Employee 类
2   public virtual string SayHi()
3   {
```

```
4         string message = string.Format("大家好!");
5         return message;
6     }
7     //修改 SE 类的 SayHi()方法
8     public override string SayHi()
9     {
10        string message = string.Format("大家好,我是{0},今年{1}岁,工号是{2},
11        我的人气值高达{3}!", base.Name, base.Age, base.ID, this.Popularity);
12        return message;
13    }
14    //修改 PM 类的 SayHi()方法
15    public override string SayHi()
16    {
17        string message;
18        message = string.Format("大家好,我是{0},今年{1}岁,项目管理经验{2}年.",
19                base.Name, base.Age, this.YearOfExperience);
20        return message;
21    }
22    //遍历员工集合,实现问好
23    foreach(Employee empl in empls)
24    {
25        Console.WriteLine(empl.SayHi());
26    }
27    Employee ema = new SE("210", "Ema", 33, Gender.female, 100);
28    Console.WriteLine(ema.SayHi());
```

经过验证,示例 6.8 做法的结果和示例 6.7 做法的结果完全一致。观察最后几段代码,当我们遍历父类对象并调用其 SayHi( )方法时,无须考虑子类到底是什么类型,就可以正确地调用子类的相关方法。不同的对象对于同一个方法调用(SayHi( )方法)有着不同的执行结果,我们称这种特性为多态(polymorphism)。

6.2.2 什么是多态

其实生活中有许多多态的例子。假如我们要求三种人——外科大夫、理发师和演员进行“cut”动作,会发生什么情况呢?

- 理发师会开始剪头发(cut = 剪)。
- 外科大夫会在病人身上割开一个切口(cut = 切开)。
- 演员会停止表演,等待导演下一步指令(cut = 停止拍摄)。

可以把三种不同职业的人看作三个不同的子类对象(继承自人类),每个对象得到同一个消息——“cut”,但他们知道对于自己来说,这个命令意味着不同的含义,因为他们都清楚自己的职业。这是一个生活中的多态。从面向对象编程的角度思考,则是指三种不同的对象对于同一个方法调用表现出了不同的行为。

多态是指两个或多个属于不同类的对象，对于同一个消息（方法调用）作出不同响应的方式。

经验：

其实我们在第 2 章学习的方法重载也是实现多态性的一种方式。只不过重载的方法都在同一个类中，而这里用虚方法实现多态的方法分散在多个类中。方法重载也称为方法的多态。

示例 6.8 已经告诉我们如何用虚方法实现多态，总结如下。

- 实现方法重写。父类中定义 SayHi ( )方法，用 virtual 关键字定义为虚方法。
- 在子类中定义子类自己的 SayHi ( )方法，用 override 关键字修饰，就实现了对父类 SayHi ( )方法的重写。
- 定义父类变量，用子类对象初始化父类变量。直接用这个父类变量就可以调用子类的 SayHi ( )方法，系统可以根据实际创建的类型决定用哪个方法，从而实现类的多态性。

6.2.3　使用多态实现计算器

1.实现思路

(1)创建父类 Operation。

- 添加属性 NumberA 和 NumberB。
- 定义虚方法 GetResult ( )，返回类型为 double。

(2)依次创建实现加减乘除的子类，继承父类并重写虚方法 GetResult ( )。

(3)实现计算响应事件。

(4)根据不同运算符，创建不同子类的对象。

(5)初始化运算数并执行计算。

2.参考解决方案

```
1   //父类,Operation
2   public class Operation
3   {
4       public double NumberA { get; set; }
5       public double NumberB { get; set; }
6       public virtual double GetResult()
7       {
8           double return = 0;
9           return result;
10      }
11  }
12  //////////////////////OperationAdd.cs////////////////////////////
13  //实现加法的类
```

```
14  class OperationAdd:Operation
15  {
16      public override double GetResult()
17      {
18          double result = NumberA + NumberB;
19          result result;
20      }
21  }
22  ///////////////////////OperationDiv.cs////////////////////////////
23  //实现除法的类
24  class OperationDiv:Operation
25  {
26      public override double GetResult()
27      {
28          if(NumberB == 0)
29          {
30              throw new Exception("除数不能为0!");
31          }
32          double result = NumberA / NumberB;
33          return result;
34      }
35  }
36  //省略实现减法、乘法的类
37  ////////////////////////FrmCalc.cs///////////////////////////////
38  public partial class FrmCalc : Form
39  {
40      public FrmCalc()
41      {
42          InitializeComponent();
43          this.cmdOper.SelectedIndex = 0;//cmdOper是选择运算符的下拉列表变量
44      }
45      //单击"计算"按钮的响应
46      private void btnCalc_Click(object sender, EventArgs e)
47      {
48          //验证
49          //txtLeftOper、txtRightOper是用户输入的操作数
50          if(string.IsNullOrEmpty(this.txtLeftOper.Text.Trim()))
51          {
52              MessageBox.Show("操作数不能为空!");
53              this.txtLeftOper.Focus();
54              return;
55          }
```

```
56            if(string.IsNullOrEmpty(this.txtRightOper.Text.Trim()))
57            {
58                MessageBox.Show("操作数不能为空!");
59                this.txtRightOper.Focus();
60                return;
61            }
62            //设置符合
63            try
64            {
65                Operation opr = new Operation();
66                switch(this.cmdOper.SelectedItem.ToString().Trim())
67                {
68                    case"+":
69                    {
70                        opr = new OperationAdd();
71                        break;
72                    }
73                    case"-":
74                    {
75                        opr = new OperationSub();
76                        break;
77                    }
78                    case"*":
79                    {
80                        opr = new OperationMul();
81                        break;
82                    }
83                    case"/":
84                    {
85                        opr = new OperationDiv();
86                        break;
87                    }
88                }
89                //设置参与计算的数据
90                opr.NumberA=double.Parse(this.txtLeftOper.Text.Trim());
91                opr.NumberB=double.Paese(this.txtRightOper.Text.Trim());
92                //计算
93                this.lbResult.Text = opr.GetResult().ToString();
94                this.lbInfo.Visible = true;
95                this.lbResult.Visible = true;
96            }
97            catch (Exception ex)
```

```
98              {
99                  MessageBox.Show("发生错误!" + ex.Message);
100             }
101         }
102     }
```

本章总结

• 继承必须符合"is a"的关系,被继承的类称为父类或者基类,继承其他类的类称为子类或者派生类。

• 继承机制很好地解决了代码复用的问题。

• 子类可继承父类的成员,并且可以拥有自己特有的成员。

• 被 protected 访问修饰符修饰的成员允许被其子类访问,而不允许被其他非子类访问。

• base 关键字可以用于调用父类的属性、方法和构造函数。

• 继承具有传递性,如果 class A:B, class B:C,则 A 也可以访问 C 的成员。

• C#中的继承具有单根性,一个类不能够同时继承自多个父类。

• 在子类中,如果不使用 base 关键字来显式调用基类构造函数,则将隐式调用默认的构造函数。

• 如果重载的构造函数没有使用 base 关键字来指明调用父类的哪个构造函数,则父类必须提供默认的构造函数。

• 多态是指两个或多个属于不同类的对象,对于同一个消息(方法调用)作出不同响应的方式。

• 可以用虚方法实现多态。

本章作业

一、选择题

1.在面向对象编程中,子类继承父类,下列说法错误的是(　　)。

A. 子类继承父类,也可以说父类派生一个子类

B. 子类不能再派生子类

C. 子类和父类符合 is a 关系,子类 is a 父类

D. 一个子类不能够继承多个父类

2.下面关于用虚方法实现多态说法正确的是(　　)。

A. 父类的虚方法不能被子类的子类所重写

B. 父类的虚方法被子类重写以后就不能被父类对象调用了

C. 子类重写父类的虚方法用的关键字是 override

D. 父类的虚方法子类必须重写

3.关于下面这段代码说法正确的是(　　)。

```
class Student : Person
{
    private string hobby;
    public void Study ( )
    {  }
}
class Person
{
    private string name;
    protected int age;
    protected void play ( )
    {
        int hours;
    }
}
```

A. Study ( )方法中可以访问 name 变量

B. Study ( )方法中可以访问 age 变量

C. Study ( )方法中可以调用 play ( )方法

D. Study ( )方法中可以访问 hours 变量

4.关于 base 关键字,下列说法错误的是(　　)。

A. 在子类中,base 关键字不可以访问父类的私有字段

B. 在子类中,base 关键字不可以调用父类的私有方法

C. 在子类中,base 关键字不可以调用父类的构造函数

D. 在子类中,base 关键字可以访问父类的属性

5.下面关于子类调用父类构造函数的说法,错误的是(　　)。

A. 在子类中,如果不显式地使用 base 来调用父类构造函数,子类会隐式地使用 base 调用

B. 在子类中,可以指定构造函数调用父类的特定构造函数

C. 父类中必须指定无参构造函数

D. 有参数的父类构造函数,在子类中使用 base 调用时,参数可以不一致

二、简答题

1.简述 public、private 和 protected 三种访问修饰符的区别。

2.找出下面这段代码的错误之处,并予以改正。

```
class Person
{
    public Person(string name)
    {
        this.name = name;
```

```
    }
    private string name;
    public string Name
    {
        get { return name ; }
        set { name = value ; }
    }
}
class Student : Person
{
    public Student ( ) {   }
    public Student (string name, string hobby )
    {
    }
    private string hobby ;
    public string Hobby
    {
        get { return hobby ; }
        set { hobby = value ; }
    }
}
```

3.提取下面两个类的基类，通过编程实现继承关系。在泛型集合中保存几个猫和狗对象，使它们循环调用 Bark ( )方法。

要求如下：

- 子类中使用 base 关键字调用父类构造函数。
- 泛型集合类型是基类类型。

```
////////////////////////////////////////////////////////////狗类////////////////////////////////////////////////////////////
public class Dog
{
    public Dog ( ) {   }
    public Dog(string name, string color)
    {
        this.Name = name;
        this.Color = color;
    }
    private string name;
    public string Name
    {
        get { return name ; }
        set { name = value ; }
    }
```

```
    privat e string color ;
    public string Color
    {
        get { return color ; }
        set { color = value ; }
    }
    public void Bark ( )
    {
        String messsge = string.Format("我是{ 0 }狗{ 1 },汪汪!", this.Color, this.Name );
        Console.WriteLine(message);
    }
}
//////////////////////////////////////////////////////////猫类//////////////////////////////////////////////////////////
public class Cat
{
    public Cat ( ) {   }
    public Cat(string name, string color)
    {
        this.Name = name;
        this.Color = color;
    }
    private string name;
    public string Name
    {
        get { return name ; }
        set { name = value ; }
    }
    privat e string color ;
    public string Color
    {
        get { return color ; }
        set { color = value ; }
    }
    public void Bark ( )
    {
        String messsge = string.Format("我是{ 0 }猫{ 1 },喵喵!", this.Color, this.Name );
        Console.WriteLine(message);
    }
}
```

4.使用 WinForms 程序模拟处理银行自动柜员机 ATM 的业务,具体要求如下:

• 使用的银行卡包括本行卡和非本行卡。

• 非本行卡可以进行查询和取款(每取款一次收取 2 元手续费)。

• 本行卡可以转账。

• 使用继承和多态方式实现。

5.使用 OOP 实现绘图板,具体要求如下:

• 允许绘制两种图形,圆形和长方形。

• 选择要绘制的图形,选择画笔颜色,单击"绘制"按钮,在左侧面板(Panel)中绘制相应颜色的图形。

提示:

可参考以下步骤进行。

编写一个形状类(Shape),子类为圆形(Circle)和矩形(Rect)。Shape 类定义 Draw ( )方法,提供通用实现,子类重写 Draw ( )方法,绘制具体图形。

```
//绘制方法声明
public virtual void Draw (Graphics g, Pen p){ }
```

绘制图形,关键代码如下。

```
//创建 Panel 控件的 Graphics,将在 Panel 中进行绘制
//如果使用当前窗体 this 创建,将直接在当前窗体进行绘制
Graphics g = this.PicPanel.CreateGraphics ( );
Pen p = new Pen(Color.Red, 3);
Rectangle rec = new Rectangle(30, 30 ,150, 150);
g.DrawRectangle(p, rec); //绘制矩形
g.DrawEllipse(p, 30, 30, 100, 100); //绘制圆形
```

控件的 Paint 事件被触发时处理重绘,调用 Invalidate ( )方法进行重绘。

```
this.PicPanel.Invalidate ( );  //重绘
```

第 7 章　深入理解多态

本章学习任务

- 理解里氏替换原则
- 能够使用父类类型作为参数
- 理解抽象类和抽象方法
- 理解虚方法和抽象方法的区别

7.1　里氏替换和多态应用

7.1.1　里氏替换概述

在第 6 章中，遗留了这样一个问题，泛型集合 List<Employee>用于保存员工对象，包括 PM 和 SE，为什么用父类类型约束的泛型集合可以存储它的子类对象呢？如示例 7.1所示。

示例 7.1

```
//实例化程序员对象
SE ai = new SE("112", "艾边成", 25, Gender.male, 100);
SE joe = new SE("113", "Joe", 30, Gender.female, 200);
//实例化 PM 对象
PM pm = new PM("890", "盖茨", 50, Gender.female, 50);
List<Employee> empls = new List<Employee>( );
empls.Add(ai);
empls.Add(joe);
empls.Add(pm);
```

在示例 7.1 中定义了两个不同的员工对象——PM 和 SE，泛型集合可以保存这两种不同类型的员工对象。第 6 章曾经指出，原则上子类对象可以赋给父类变量，也可以说子类可以替换父类并且出现在父类能够出现的任何地方，且程序的行为不会发生变化。但是反过来，父类对象是不能替换子类对象的。这种特性被称作"里氏替换原则"(Liskov substitution principle)。

1.里氏替换原则的应用

里氏替换原则是软件设计所应该遵守的重要原则之一。有了里氏替换原则，才使继承复用成为可能，只有在子类替换父类时依然不影响软件的功能，父类才能真正被复用，而子类也能够在父类的基础上增加新的行为。

看下面一段代码，假如我们设计一个与鸟有关的系统，鸟类有会飞的行为，鸵鸟继承鸟类。

```
//父类,鸟类
public class Bird
{
    //飞行速度
    public double Speed { get ; set ; }
    public void fly ( )
    {
    }
}
//鸵鸟类 Ostrich
public class Ostrich : Bird
{
    //...
}
```

那么此时鸵鸟类是鸟类的子类，鸟类都会飞，有飞行速度的属性，飞行的行为(fly ( )方法)，鸵鸟不会飞怎么办呢？那就把它的 Speed 属性设置为 0，在 fly ( )方法里什么也不做。

经过这么处理，看起来鸵鸟类继承鸟类没有什么问题。但是如果要给鸟类定义一个计算飞跃长江时间的方法。此时鸵鸟对象能代替鸟类对象吗？显然不能，因为鸵鸟不会飞，调用这个方法无法获得预期效果。所以在这个场景下，鸵鸟类和鸟类之间的继承关系违反了里氏替换原则。

在 C# 中有两个关键操作符可以体现里氏替换原则：is 和 as 操作符。

2.is 和 as 操作符的使用

is 操作符用于检查对象和指定的类型是否兼容。比如在示例 7.1 中，要判断员工集合中的一个元素是否是 SE 对象，就可以用下面一段代码。

```
if (empls [i] is SE)
{
    //......
}
```

as 操作符主要用于两个对象之间的类型转换，如示例 7.2 所示。

示例 7.2

```
//实例化程序对象
SE ai = new SE("112", "艾边成", 25, Gender.male, 100);
SE joe = new SE("113", "Joe", 30, Gender.female, 200);
//实例化 PM 对象
PM gates = new PM("890", "盖茨", 50, Gender.female, 30);
List<Employee> empls = new List<Employee>( );
```

```
empls.Add(ai);
empls.Add(joe);
empls.Add(gates);
//遍历问好
for(int i = 0; i < empls.Count; i++)
{
    if(empls[i] is SE)
    {
        SE se = empls[i] as SE;
        Console.WriteLine(se.SayHi ( ));
    }
    if(empls[i] is PM)
    {
        PM pm = empls[i] as PM;
        Console.WriteLine(pm.SayHi ( ));
    }
}
```

示例 7.2 在遍历员工列表时，先用 is 关键字判断员工属于项目经理还是程序员，判断完毕后，用 as 关键字将员工对象转换成对应的项目经理对象或者程序员对象。也可以用强制类型转换来替代 as 关键字，不同的是强制转换如果不成功将会报告异常，而 as 关键字如果转换失败会返回 null，不会产生异常。

经验：

用 as 操作符进行类型转换不会产生异常，但是这并不代表不需要进行异常处理。比如：

```
PM.pm = empls[i] as PM; pm.SayHi ( );
```

如果 empls[i]转换为 PM 失败，虽然这一句没有异常，但是下一句 pm.SayHi ( )就可能报错了。

7.1.2　父类类型作为参数

里氏替换原则指出子类对象可以代替父类对象，那么在开发程序时可以编写以父类类型作为形式参数的方法，在实际调用时传入子类对象，从而实现多态。

以交通工具为例，地铁(tube，美式英语为 subway)、轿车(car)和自行车(bicycle)都有交通工具的一般特征：行驶。

在 MyOffice 中，模拟员工选择交通工具回家的行为，如示例 7.3 所示。

示例 7.3

```
1    //交通工具基类
2    public class TrafficTool
3    {
```

```
4           public virtual void Run()
5           {
6               Console.WriteLine("车在行驶!");
7           }
8       }
9       //地铁类
10      class Tube:TrafficToll
11      {
12          public override void Run()
13          {
14              Console.WriteLine("地铁运行中");
15          }
16          }
17          //子类,小汽车
18          class Car:TrafficTool
19          {
20          public override void Run()
21          {
22              Console.WriteLine("小汽车在行驶!");
23          }
24      }
25      //子类,代表自行车
26      class Bicycle:TrafficTool
27      {
28          public override void Run()
29          {
30              Console.WriteLine("自行车奔跑中!");
31          }
32      }
33      //给 Employee 类添加 GoHome 方法
34      public class Employee
35      {
36          //代码省略
37          public void GoHome(TrafficTool tool)
38          {
39              Console.WriteLine("员工:"+this.Name);
40              tool.Run();
41          }
42      }
43      static void Main(string[] args)
44      {
45          //实例化程序员对象
```

```
46          SE ai = new SE("112","艾边成",25,Gender.male,100);
47          SE joe = new SE("113","Joe",30,Gender.female,200);
48          //实例化 PM 对象
49          PM pm = new PM("890","盖茨",50,Gender.female,50);
50          //定义员工集合
51          List<Employee> empls = new List<Employee>();
52          empls.Add(ai);
53          empls.Add(joe);
54          empls.Add(pm);
55          //员工选择不同交通工具回家
56          empls[0].GoHome(new Bicycle());
57          empls[1].GoHome(new Tube());
58          empls[2].GoHome(new Car());
59          Console.ReadLine();
60      }
```

示例 7.3 中以父类 TrafficTool 作为参数，可以接收它的子类型，程序在运行中会自动判断实际参数属于哪种子类，然后调用相应子类的方法，从而完成多态。

小结：

用虚方法实现多态的基本步骤如下：

(1)子类重写父类的虚方法，其中有两种方式。

- 创建父类变量，用子类对象实例化这个父类变量。
- 把父类类型作为参数类型，它的子类对象作为参数传入。

(2)运行时，根据实际创建的对象决定执行哪个方法。

7.1.3　用多态实现乐器演奏

1.实现思路

- 创建不同的乐器类，继承自 Instrument 类。
- 员工类都有 Play( )方法，参数为 Instrument 类型。
- 创建员工窗体，显示参加演奏的员工，选中一个员工，单击右键菜单，准备演奏。
- 在弹出窗体中显示乐器，选中一种乐器，用多态实现演奏。

2.参考解决方案

```
1   ////////////////////Instrument.cs,父类,乐器类////////////////////
2   public class Instrument
3   {
4       public virtual void Play()
5       {
6           MessageBox.Show("乐器在演奏","信息!",MessageBoxButtons.OK,
```

```
7                   MessageBoxIcon.Information);
8           }
9       }
10      ////////////////////////Piano.cs,子类,钢琴类////////////////////////
11      public class Piano:Instrument
12      {
13          public override void Play()
14          {
15              MessageBox.Show("钢琴在演奏","信息!",MessageBoxButtons.OK,
16                  MessageBoxIcon.Information);
17          }
18      }
19      /////////////////////Sachs.cs,子类,萨克斯类/////////////////////
20      pubic class Sachs:Instrument
21      {
22          public override void Play()
23          {
24              MessageBox.Show("萨克斯在演奏","信息!",MessageBoxButtons.OK,
25                  MessageBoxIcon.Information);
26          }
27      }
28      ////////////////////Violin.cs,子类,小提琴类/////////////////////
29      public class Violin:Instrument
30      {
31          public override void Play()
32          {
33              MessageBox.Show("小提琴在演奏","信息!",MessageBoxButton.OK,
34                  MessageBoxIcon.Information);
35          }
36      }
37      //////////////////SE.cs,程序员类,添加 Play()方法//////////////////
38      public void Play(Instrument instrument)
39      {
40          instrument.Play();
41      }
42      ////////////EngineerForm.cs,展示参加演奏人员的窗体代码//////////////
43      public partial class EngineerForm : Form
44      {
45          public EngineerForm()
46          {
47              InitializeComponent();
48              this.dgvEngineers.AutoGenerateColumns = false;
```

```
49              Init();
50          }
51          //初始化
52          public void Init()
53          {
54              List<SE> engineers = new List<SE>();
55              SE jack = new SE("001","王小毛",22,Gender.male,100);
56              SE joe = new SE("002","周新宇",23,Gender,male,300);
57              SE ema = new SE("003","盖茨",24,Gender,male,300);
58              engineers.Add(jack);
59              engineers.Add(joe);
60              engineers.Add(ema);
61              this.dgvEngineers.DataSource = engineers;
62              //dgvEngineers是绑定人员的DataGridView对象
63          }
64          //从右键快捷菜单选择"演奏"
65          private void tsmPlay_Click(object sender, EventArgs e)
66          {
67              PlayForm frm = new PlayForm();
68              DataGridViewRow dr = this.dgvEngineers.CurrentRow;
69              if(dr == null)
70              {
71                  return;
72              }
73              string seName = dr.Cells[1].Value.ToString();
74              frm.Title = seName +"开始演奏";
75              frm.ShowDialog();
76          }
77      }
78      ///////////////////PlayForm.cs,员工演奏的窗体/////////////////////
79      public partial class PlayForm:Form
80      {
81          public PlayForm()
82          {
83              InitializeComponent();
84          }
85          //设置标题
86          public string Title
87          {
88              set
89              {
90                  this.gbPlay.Text = value;
```

```
91                }
92            }
93            private void btnPlay_Click(object sender, EventArgs e)
94            {
95                SE engineer = new SE();
96                Instrument instrument = null;
97                //设置选中的乐器
98                if(this.rbtnSachs.Checked)
99                {
100                   instrument = new Sachs();
101               }
102               else if(this.rbtnPiano.Checked)
103               {
104                   instrument = new Piano();
105               }
106               else if(this.rbtnViolin.Checked)
107               {
108                   instrument = new Violin();
109               }
110               engineer.Play(instrument);
111           }
112   }
```

7.2 抽象类和抽象方法

7.2.1 为什么使用抽象类和抽象方法

在示例 7.3 中定义了交通工具类(TrafficTool),如果把它实例化,调用其中的 Run( )方法,实际意义不大。因为交通工具本身是一个宏观的、抽象的概念,而不是某一个具体的交通工具。假如不希望这个基类被实例化,并且只提供方法的定义,自己不去实现,只让子类实现这些方法,该如何做呢?

C#中用抽象类和抽象方法来解决这个问题。

- 抽象方法是一个没有实现的方法,通过在定义方法时增加关键字 abstract 可以声明抽象方法。

语法:

```
访问修饰符 abstract 返回类型 方法名( );
```

注意,抽象方法没有闭合的大括号,而是直接跟了一个分号“;”——也就是说,它没有包括方法执行逻辑的方法体。

- 含有抽象方法的类必然是抽象类。同样,我们用 abstract 关键字来定义一个抽象类。

语法：

```
访问修饰符 abstract class 类名 ;
```

抽象类提供抽象方法，这些方法只有定义，如何实现方法则由抽象类的非抽象子类完成。那么可以将 Traffic 类改为抽象类，如下代码所示。

```
public abstract class TrafficTool
{
    public abstract void Run ( );
}
```

常见错误1

对于抽象类有一个限制：它不能被实例化。也就是说对于抽象类 TrafficTool，我们将无法创建一个 TrafficTool 对象。如果试图将代码写成 TrafficTool tool = new TrafficTool ( )，编译器会提示错误信息。

常见错误2

抽象类不能是密封或者静态的。如果给抽象类增加密封类的访问修饰符 sealed 或者 static，系统会提示错误。其实很容易理解，抽象类如果不被子类继承并实现它的抽象方法，便没有实际意义。

问答：

问题：抽象类中只能有抽象方法吗?

解答：抽象类中的方法不一定都是抽象方法，抽象类也可以容纳有具体实现的方法。但是，含有抽象方法的类必然是抽象类。

7.2.2　抽象类和抽象方法的应用

1.如何实现抽象方法

当从一个抽象基类派生一个子类时，子类将继承基类的所有特征，包括它未实现的抽象方法。抽象方法必须在其子类中实现，除非它的子类也是抽象类。与子类重写父类的虚方法一样，在子类中实现一个抽象方法的方式也是使用 override 关键字来重写抽象方法。

语法：

```
访问修饰符 override 返回类型方法( ){ }
```

通过 override 关键字可以自由地重写方法。如下代码所示，在 Tube 类中实现 TrafficTool 类的抽象方法 Run ( )。

```
public class Tube : TrafficTool
{
    public override void Run ( )
    {
```

```
            Console.WriteLine("地铁运行中!");
        }
    }
```

2.抽象方法应用举例

了解了抽象类和抽象方法的使用方法，下面来看一个实际的应用。在 MyOffice 中，程序员的日常工作可分为开发、测试等。现在有一个需求，要求员工在月度总结时提交自己的基本工作内容。

员工先选择属于自己的不同的任务，然后选择“执行”显示不同的窗体，提交不同的工作。

如何实现这种功能呢？显然，编码工作和测试工作同属于日常工作，只是表现形式不同，因此可以自然而然想到多态。那么，从编码工作和测试工作中抽象出工作类(Job)，我们不想让 Job 类被实例化。因为 Job 类是个抽象的内容而非实际中的一项工作，所以 Job 类可以被定义为抽象类。

从类图可以看出，测试工作类(TestJob)和编码工作类(CodeJob)都继承自工作类(Job)，工作类提供抽象方法 Execute 约束 TestJob 和 CodeJob 的行为。如示例 7.4 所示，用抽象类和抽象方法可实现这几个类。

示例 7.4

```
1    public abstract class Job
2    {
3        //工作类型
4        public string Type { get; set; }
5        //工作名称
6        public string Name { get; set; }
7        //描述
8        public string Description { get; set; }
9        public Job(string type, string name, string descrition)
10       {
11           this.Type = type;
12           this.Name = name;
13           this.Description = descrition;
14       }
15       public Job(){ }
16       //执行
17       public abstract void Execute();
18       //显示
19       public abstract string Show();
20   }
21   //测试工作类
22   public class TestJob:Job
23   {
```

```
24          public TestJob(string type, string name, string desc):base(type, name, desc){ }
25          public TestJob(){ }
26          //编写的测试用例个数
27          public int CaseNum { get; set; }
28          //发现的 Bugs
29          public int FindBugs { get; set; }
30          //用时
31          public int WorkDay { get; set; }
32          //实现抽象类 Job 的 Execute 方法,打开测试任务窗体
33          public override void Execute()
34          {
35              FrmTestExe frmTestExe = new FrmTestExe(this);
36              frmTestExe.ShowDialog();
37          }
38          //显示
39          public override string Show()
40          {
41              string info = string.Format("编写用例个数:{0}\\n 发现的 Bug 数量:
42              {1}\\n 工作日:{2}", this.Name, this.CaseNum, this.FindBugs, this.
43              WorkDay);
44              return info;
45          }
46      }
47      //编码工作类
48      public class CodeJob:Job
49      {
50          public CodeJob(string type, string   name, string desc):base(type,
51          name, desc){ }
52          public CodeJob(){   }
53          //有效编码行数
54          public int CodingLines { get; set; }
55          //目前没有解决的 Bug 个数
56          public int Bugs { get; set; }
57          //用时-工作日
58          public int WorkDay { get; set; }
59          //实现抽象类 Job 的 Execute 方法,打开编码工作窗体
60          public override void Execute()
61          {
62              FrmCodeExe frmCodeExe = new FrmCodeExe(this);
63              frmCodeExe.ShowDialog();
64          }
65          //显示
```

```
66          public override string Show()
67          {
68              string info = string.Format("有效编码行数:{0}\\n 遗留问题:
69              {1}\\n 工作日:{2}\\n", this.CodingLines, this.Bugs, this.WorkDay);
70              return info;
71          }
72      }
```

3.抽象方法应用场合

抽象类、抽象方法和虚方法都可以实现多态,那么什么时候选用抽象类和抽象方法呢? 抽象类是抽象的概念,首先我们不希望它被实例化。比如动物类,创建一个动物对象没有实在的意义。因此抽象类提供抽象方法,要求继承它的子类去实现,它通过这些抽象方法来约束子类的行为。

比如动物类有叫的行为,定义为抽象方法,猫类和狗类继承动物类,重写叫的方法,实现各自的叫,从而实现了多态。

抽象方法和虚方法的区别如表 7-1 所示。

表 7-1　虚方法与抽象方法的区别

虚方法	抽象方法
用 virtual 修饰	用 abstract 修饰
要有方法体,哪怕是一个分号	不允许有方法体
可以被子类 override	必须被子类 override
除了密封类外都可以写	只能在抽象类中写

7.2.3　面向对象的三大特性

面向对象编程中三个非常重要的特性:封装、继承和多态,我们已经全部学习完了,总结如下。

- 封装:保证对象自身数据的完整性和安全性。
- 继承:建立类之间的关系,实现代码复用,方便系统的扩展。
- 多态:相同的方法调用可实现不同的功能。

7.2.4　实现员工执行工作列表

1.需求说明

- 实现员工执行工作列表。
- 编码工作指标项:有效编码行数、遗留问题、工作日。
- 测试工作指标项:测试用例个数、发现的 Bug 数、工作日。

2.实现思路

- 搭建窗体。
- 编写 Job 类,包括属性、构造函数和抽象方法。属性有工作类型、工作描述和工作名称。

• 编写 Job 类的子类(TestJob、CodeJob),在子类中实现 Job 类定义的抽象方法 Execute。

• 在主窗体的右键菜单中单击“执行”菜单项,完成对应事件,让员工执行不同的工作。

3.参考解决方案

```
1	//Job 类及其子类的编码参考前面代码
2	///////////////////////////JobFrm.cs///////////////////////////
3	//主窗体类,显示员工工作任务,在右键菜单中实现执行工作的功能
4	public partial class FrmJobs:Form
5	{
6	    Employee empl;//定义员工对象
7	    public FrmJobs()
8	    {
9	        InitializeComponent();
10	        Init();
11	        UpdateJob();
12	        this.gbJobs.Text = empl.Name;
13	    }
14	    //初始化某员工工作列表
15	    public void Init()
16	    {
17	        List<Job> jobList = new List<Job>();
18	        jobList.Add(new CodeJob("编码","编码","实现购物车模块"));
19	        jobList.Add(new CodeJob("编码","编码基类","完成项目基类编码"));
20	        jobList.Add(new TestJob("测试","压力测试","测试项目已实现模块"));
21	        //实例化员工对象
22	        empl = new SE("1120","王小毛",24,Gender.male,100,jobList);
23	    }
24	    //绑定工作列表
25	    public void UpdateJob()
26	    {
27	        this.dgvJobList.DataSource = empl.WorkList;
28	    }
29	    //填写执行情况
30	    private void tmsiExecute_Click(object sender,EventArgs e)
31	    {
32	        //获取当前行
33	        int index = this.dgvJobList.CurrentRow.Index;
34	        //打开对应窗口,填写完成指标——重写父类的抽象方法 Execute()
35	        empl.WorkList[index].Execute();
```

```
36          }
37      }
38      ////////////////////////CodeExeForm.cs////////////////////////
39      //实现员工执行编码工作提交功能的窗体类
40      public partial class FrmCodeExe : Form
41      {
42          //编码工作对象
43          CodeJob job = new CodeJob();
44          public FrmCodeExe()
45          {
46              InitializeComponent();
47          }
48          //提交编码工作任务
49          private void btnOK_Click(object sender, EventArgs e)
50          {
51              bool isError = false;
52              try
53              {
54            job.CodingLines=Int32.Parse(this.txtLines.Text.ToString());
55              job.Bugs = Int32.Parse(this.txtBugs.Text.ToString());
56              job.WorkDay = Int32.Parse(this.txtDays.Text.ToString());
57              }
58              catch(Exception ex)
59              {
60                  MessageBox.Show(ex.Message);
61                  isError = true;
62              }
63              if(!isError)
64              {
65                  MessageBox.Show("提交成功!","提示");
66                  this.Close();
67              }
68          }
69      }
70      ////////////////////////FrmTestExe.cs////////////////////////
71      //实现员工提交测试工作的窗体类
72      public partial class TestExeForm : Form
73      {
74          //测试工作对象
75          TestJob job = new TestJob();
76          public TestExeForm()
77          {
```

```
78            InitializeComponent();
79        }
80        //提交测试工作
81        private void btnOK_Click(object sender, EventArgs e)
82        {
83            bool isError = false;
84            try
85            {
86             job.CaseNum=Int32.Parse(this.txtCaseNum.Text.ToString());
87               job.FindBugs = Int32.Parse(this.txtBugs.Text.ToString());
88               job.WorkDay = Int32.Parse(this.txtDays.Text.ToString());
89            }
90            catch(Exception ex)
91            {
92                MessageBox.Show(ex.Message);
93                isError = true;
94            }
95            if(!isError)
96            {
97                MessageBox.Show("提交成功!","提示");
98                this.Close();
99            }
100       }
101   }
```

本章总结

• 子类对象可以代替父类对象，反过来，父类对象不能代替子类对象。

• 抽象方法是一个未实现的方法，它用 abstract 关键字修饰，含有抽象方法的类必然是抽象类。

• 使用抽象方法和虚方法都可以实现多态性。

• 抽象类不能被实例化，不能是静态的和密封的。

• 抽象类的抽象方法要在其子类中通过 override 关键字重写，除非它的子类也是抽象类。

• 面向对象的三大特性是封装、继承和多态。

本章作业

一、选择题

1.下面关于抽象类的说法错误的是(　　)。

A. 抽象类不能被实例化

B. 含有抽象方法的类一定是抽象类

C. 抽象类可以是静态类和密封类

D. 抽象类定义的抽象方法必须在其非抽象的子类中实现

2.下面关于抽象方法的定义和重写,正确的代码是(　　)。

A. abstract class Person

```
{
    public abstract void Play ( )
    {
        //方法体
    }
}
class Student : Person
{
    public void Play ( )
    {
        //方法体
    }
}
```

B. abstract class Person

```
{
    Public abstract void Play ( ) ;
}
class Student : Person
{
    public void Play ( )
    {
        //方法体
    }
}
```

C. abstract class Person

```
{
    public abstract void Play ( )
    {
        //方法体
    }
}
class Student : Person
{
```

```
    public override void Play ( )
    {
        //方法体
    }
}
```

D. abstract class Person

```
{
    public abstract void Play ( ) ;
}
class Student : Person
{
    public override void Play ( )
    {
        //方法体
    }
}
```

3.下面代码的运行结果是(　　)。

```
public abstract class A
{
    public A ( )
    {
        Console.WriteLine("A");
    }
    public virtual void Fun ( )
    {
        Console.WriteLine("A.Fun ( )") ;
    }
}
public class B : A
{
    public B ( )
    {
        Console.WriteLine("B");
    }
    public override void Fun ( )
    {
        Console.WriteLine("B.Fun ( )") ;
}
public static void Main ( )
{
```

```
        A a = new B ( ) ;
        a.Fun ( ) ;
        }
    }
```

A. A

　B

　1.Fun ( )

B. A

　B

　B.Fun ( )

C. B

　A

　A.Fun ( )

D. B

　A

　B.Fun ( )

4.在 C#中,Student 类继承自 Person 类,下列代码中可以用于类型转换的是(　　)。

A. Person is Student

B. Person as Student

C. Student is Person

D. (Student)Person

5.关于虚方法和抽象方法说法正确的是(　　)。

A. 父类的每一个虚方法都需要被子类实现,父类的抽象方法也要被子类实现

B. 抽象类中的抽象方法只有定义没有实现,类中的虚方法必须有实现

C. 密封类中可以有抽象方法,不能有虚方法

D. 虚方法不能存在于抽象类中,抽象方法只能在抽象类中定义

二、简答题

1.简述抽象方法与虚方法的区别。

2.面向对象的三大特性是什么？简述每个原则的基本功能。

3.编写一个形状类(Shape),子类为圆形(Circle)和矩形(Rect)。Shape 类定义抽象方法 Draw ( ),子类重写 Draw ( )方法。Circle 类的 Draw ( )方法输出“正在绘制圆形”,Rect 类的 Draw ( )方法输出“正在绘制矩形”。使用多态输出当前正在输出的形状。

4.利用多态性实现工资单打印。在工资单打印的父类中定义抽象方法 PrintSalary ( ),两个子类(分别计算项目经理的工资、工程师的工资),实现抽象方法 PrintSalary ( )。项目经理的工资计算方式:基本工资(5000 元)+项目奖金(1000 元)。工程师的工资计算方式:基本工资(4000 元)。在主方法中打印项目经理和工程师的工资。

5.在雷电游戏中,不同的战斗机开火的效果不同,请用多态性模仿雷电游戏中飞机的开火行为。

第 8 章　面向对象高级应用

本章学习任务

- 理解设计模式的概念
- 了解简单工厂模式的应用
- 了解单例模式的应用

8.1　设计模式概述

8.1.1　解决变化带来的麻烦

众所周知，软件开发中的需求是经常变化的，这种变化往往导致程序的修改甚至重新设计。比如，我们开发的简易计算器能够实现基本的加减乘除运算，如示例 8.1 所示。

示例 8.1

```
Operation opr;
switch (this.cmdOper.SelectedItem.ToString().Trim())
{
    case"+":
    {
        opr = new OperationAdd();
        break;
    }
    case"-" :
    {
        opr = new OperationSub();
        break;
    }
    //...
}
```

现在客户提出扩展计算器的功能，要能实现计算正余弦、平方根的功能，按照现有知识我们该怎么处理呢？我们可以先增加能够实现这些功能的类，然后在客户程序里修改代码，通过添加更多的 case 语句来调用这些类。

在软件工程中，把对象之间的依赖性叫作耦合，而一个模块内部各个元素彼此之间的联系叫作内聚。软件工程中推崇“高内聚、低耦合”的设计，即模块内部的元素间联系越紧密越好，而模块与模块之间应尽量减少依赖，这样的设计可以减少不必要的维护。而我们的计算器程序中创建计算对象的部分和具体的计算类间耦合性过高。

由于 bug 的存在和功能扩展的需要，使得客户程序不得不一次又一次地被修改，而修改编译好的代码是十分困难的，客户端调用必须要知道修改或增加了哪些类，如何生成它们的对象，这样工作量繁重。

那么假如客户端调用不希望知道到底要生成哪个对象，只想由调用的程序返回一个对象直接使用，该如何做呢？

从示例 8.1 可以看出，根据运算符创建负责计算的类实例是程序中经常变化的部分，能否将这部分内容封装起来，以其他方式控制这部分内容呢？设计模式做出的解答如示例 8.2 所示。

示例 8.2

```
public class OperationFactory
{
    public static Operation CreateOperation(string operate)
    {
        Operation oper = null;
        switch(operate)
        {
            case"+" :
            {
                oper = new OperationAdd( );
                break;
            }
            //...
        }
        return oper;
    }
}
```

示例 8.2 把创建对象的部分封装到 OperationFactory 类中，这个类只提供一个返回运算对象的方法 CreateOperation( )。该方法根据所要创建对象的类型创建各种对象，客户端只需调用这个方法，传递运算类型即可获得具体的运算对象。OperationFactory 类就像一个工厂，专门负责生产各种运算的产品，这种设计模式称为简单工厂（SimpleFactory）。

8.1.2 什么是设计模式

设计模式（Design Pattern）是人们在长期的软件开发中对一些经验的总结，是某些特定问题经过实践检验的特定的解决方法。面向对象设计模式是可复用面向对象软件的基础。

经验:

在我国古代战争中,战争双方经常会使用一些计谋战术,而经过多年的战争后,就有人将这些计谋战术总结为一种经验,一种得到了实践检验并且有可行性的经验,例如《三十六计》。在这本书中总结了三十六种战争中对于某些场合具有可行性的计谋战术——"围魏救赵""走为上""声东击西"等。这些在古代战争和现代战争中都得到了很好的验证。可以说,三十六计中的每一计都是一种模式。

资料:

目前关于设计模式最有影响力的书籍是《设计模式:可复用面向对象软件的基础》,它共编录了23种设计模式,分三大类别:创建型模式、结构型模式和行为模式。GOF是《设计模式:可复用面向对象软件的基础》这本书的四位作者Gamma、Helm、Johnson和Vlissides的通称,GOF自己并没有创建书中的设计模式,他们只是将软件行业中已经存在的、针对各种具体问题的优秀设计经验识别出来,并进行分类总结。

8.2 设计模式的应用

8.2.1 简单工厂设计模式

1. 什么是简单工厂

示例8.2是简单工厂的具体实例。简单工厂模式的核心是它的工厂类,工厂类可以根据传入的参数,动态决定应该创建哪一个产品类的实例,这些产品有一个特点,即有共同的父类。

如图8.1所示为简单工厂原理图。

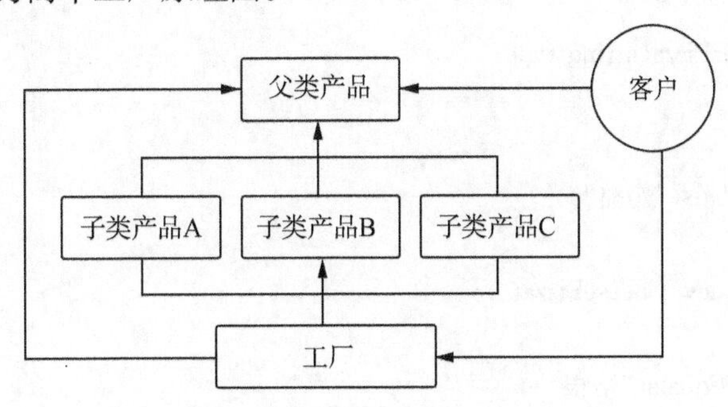

图8.1 简单工厂原理图

从简单工厂原理图可以看出,整个模式中的参与对象主要有以下几类。

• 工厂。它的主要功能是实现创建所有实例的内部逻辑。工厂类直接被客户程序调用,创建所需产品。结合示例8.2可以看出工厂方法都是静态方法,因为工厂本身只负责创建产品,没有必要实例化。

• 父类产品。工厂创建的所有对象的父类,它负责描述所有实例共有的公共接口。工厂类返回的对象类型都是父类类型。

• 子类产品。简单工厂所返回的具体对象。

从图 8.1 可以看出,客户程序只需要指导工厂和父类产品即可,不需要关心产品如何创建、内部如何变化。具体的产品被父类类型所包装,客户程序只需要通过这个包装过的对象去访问具体产品的方法,以不变应万变。

简单工厂模式适用于客户程序不需要知道所要创建的对象到底属于哪个子类。所要创建的对象未来如果变化,可把这些变化封装到工厂之内。如果产生的产品需要增减,只需要扩展产品类和修改工厂类,极大地减少了客户程序的修改,使程序的扩展性大大增强。

比如开发数据库应用系统,最初可能使用 SQL Server 数据库,但随着软件的升级,根据软件使用者的需要,数据库可能会改为 Oracle 或者 MySql。如果在设计之初就用简单工厂模式创建操作不同数据库的对象,那么即使数据库发生变化,只需要增加操作其他数据库的类,客户程序要做的仅仅是把最新的数据库类型从配置文件中读取出来,然后传给创建数据库操作对象的工厂。

2. 简单工厂的应用

下面通过一个具体的例子来体会简单工厂的应用。有一个 Pizza 商店生产各种不同品种的 Pizza,现在来模拟客户订购 Pizza 的过程。

(1)客户告诉 Pizza 商店订购 Pizza 的类型。

(2)每个 Pizza 的加工过程包括准备、烘烤和包装。

根据这个需求,可以采取以下做法。

(1)要订购的 Pizza 品种很多,不同的 Pizza 准备、烘烤和包装等流程的制作工艺各不相同,因此我们可以抽象出 Pizza 父类,其他具体的 Pizza 类都继承这个父类。

(2)Pizza 的类型很多,Pizza 商店根据客户选购的 Pizza 类型提供符合要求的商品。假如采用下面的代码来实现 Pizza 的订购。

```
private Pizza OrderPizza(string type)
{
    Pizza pizza;
    if  (type.Equals("奶酪"))
    {
        pizza = new CheesePizza( );
    }
    else if (type.Equals("培根"))
    {
        //...
    }
    pizza.Prepare( );
    pizza.bake( );
```

```
        pizza.cut( );
        return pizza;
    }
```

上面的代码很简单地完成了创建奶酪 Pizza 和培根 Pizza，然后准备 Pizza、烘烤 Pizza 的过程。表面上简单明了，但是一个 Pizza 商店如果只有两种 Pizza 肯定无法吸引顾客，更别提和其他的 Pizza 商店竞争了。那么假如这家 Pizza 店可以生产多种口味的 Pizza，上面的代码会变成什么样的呢？

很显然需要增加更多的条件判断语句。

```
if (type.Equals("芒果"))
{
    pizza = new CheesePizza( );
}
else if (type.Equals("素食"))
{
    //...
}
```

我们发现根据 Pizza 的类型创建 Pizza 的代码需要修改，并且随着时间的变化，Pizza 的种类还可能增多。如果某种 Pizza 卖得不好，还可能被淘汰，显然这段代码随着变化需要一改再改。其他的代码比如 Pizza 的准备、烘烤和包装，这些动作一旦定型就会成为标准，一般都不去轻易改变，改变的只是发生这些动作的 Pizza。

软件设计有一个原则就是封装变化点。将程序中经常变化的部分封装起来，可以降低类与类之间的耦合性。现在我们找到了变化，因此可以用简单工厂将这段变化的代码封装起来，如示例 8.3 所示。

示例 8.3

```
public class PizzaFactory
{
    public static Pizza CreatePizza(string type)
    {
        Pizza pizza = null;
        switch (type)
        {
            case"奶酪" :
                pizza = new CheesePizza( );
                break;
            case"培根" :
                pizza = new BaconPizza( );
                break;
            defaule :
                break;
```

```
            }
            return pizza;
        }
    }
```

应用简单工厂后的新类图,如图 8.2 所示。

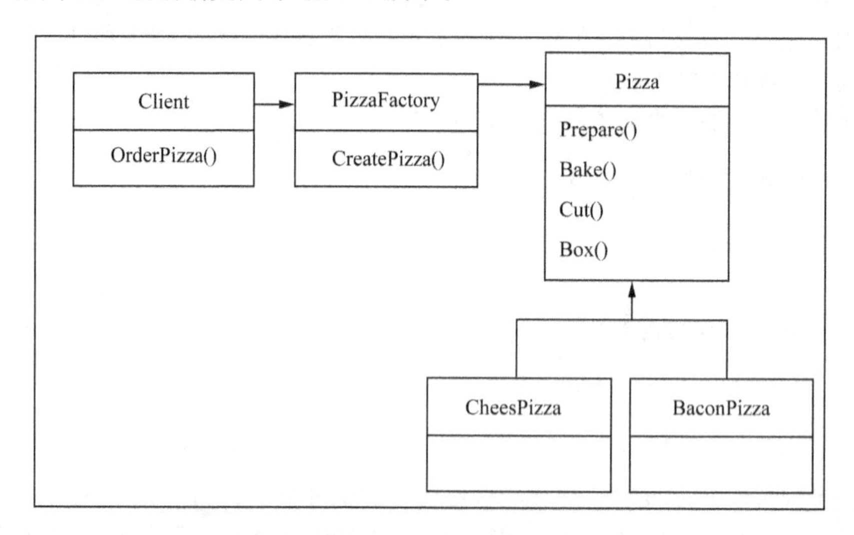

图 8.2　Pizza 新类图

从示例 8.3 和新类图可以看出,经过封装,具体的 Pizza 对象的创建从 OrderPizza( )方法移到 PizzaFactory 类中。PizzaFactory 是专职负责创建 Pizza 的工厂,有了这个工厂,OrderPizza( )方法就变成了工厂的客户,当需要 Pizza 时,只需要传递 Pizza 类型就可以获得一个 Pizza 对象,工厂的客户便从如何创建 Pizza 的细节中解放出来。

问答:

问题:应用了简单工厂,表面上只是把 Pizza 对象的创建从客户调用移到工厂,而变化依然存在。是否还要多创建一个工厂类呢?

解答:简单工厂的使用,首先分离了程序中变化和不变化的部分,使得客户程序基本不需要改动,而且还带来了良好的扩展性。Pizza 工厂可以有更多的客户,比如有一个客户是 Pizza 菜单类,它可以利用工厂取得 Pizza 的描述和价格。

任何设计模式都不是万能的。简单工厂的缺点是当要创建的产品类型增减时,工厂类需要修改。面向对象领域设计有一个原则是通过增加类的方式而不是修改现有类的方式来增加新的功能,所以简单工厂有一定的局限性。

8.2.2　单例设计模式

学完简单工厂,再来了解一种常见的设计模式——单例(Singleton)。

接下来讲解为什么要用单例。

现在有一个问题，要求在主窗体中显示播放列表，根据用户的选择，实现播放器播放音频文件。

表面上看，解决这个问题并不困难，只要创建播放器窗体，接收主窗体传来的音乐文件路径，在播放窗体实现播放所选择的音乐即可。但是仔细想一想，实际操作这个程序时会发现一个问题。当用户选择了多个文件，会弹出多个播放器，同时播放不同的音乐，这很不符合一般人的听歌习惯。那么如何保证在某一时刻只能有一个播放器窗体呢？

我们来分析一下如何解决这个问题。

创建类的实例一般使用 new 方法。而对于一个重要类，在类的外部可以多次用 new 关键字调用类的构造函数进行实例化，这显然不符合只得到一个实例的要求。那么如何阻止在类的外部实例化该类呢？是否能把类的构造函数改为私有呢？在 C# 中类的构造函数是可以为私有的。

私有构造函数是一种特殊的构造函数，它通常用在只包含静态成员的类中。如果类具有一个或者多个私有构造函数而没有公共构造函数，则其他类（嵌套类）无法创建该类的实例。比如：

```
class myClass
{
    private myClass( ){ }
    public static double pi = 3.1415926;
}
```

代码中类的构造函数变成私有的，那么如何产生类的实例呢？可以将产生类实例的方法放在类的内部，通过一个静态方法返回它的实例。

如示例 8.4 所示给出了用单例模式实现单例窗体播放音频文件的代码。

示例 8.4

```
1    public partial class FrmPlayer : Form
2    {
3    //独一无二的实例
4    private static FrmPlayer uniquePlayer;
5    //私有构造函数
6    private FrmPlayer()
7    {
8        InitializeComponent();
9    }
10    //检查并创建唯一实例
11    public static FrmPlayer GetInstance()
12    {
13        if(uniquePlayer == null)
14        {
15            uniquePlayer = new FrmPlayer();
16        }
```

```
17          return uniquePlayer;
18      }
19      //播放节目
20      public bool Play(string videoPath)
21      {
22          try
23          {
24              this.wmp.URL = videoPath;
25              return true;
26          }
27          catch(Exception ex)
28          {
29              MessageBox.Show("播放器异常" + ex.Message);
30              return false;
31          }
32      }
33      //关闭过程中将实例引用设为 null
34          private void FrmPlayer_FormClosing(object sender,
35                  FormClosingEventArgs e)
36      {
37          FrmPlayer.uniquePlayer = null;
38      }
39      }
```

从示例 8.4 可以看出单例设计模式有以下几个特点。

• 私有构造函数。将构造函数“隐藏”起来，可以防止在类的外部使用 new 关键字创建类的示例。

• 保存唯一实例的静态的私有变量，如示例 8.4 中的 uniquePlayer 变量。

• 获取唯一实例的静态方法。示例 8.4 使用静态方法 GetInstance( )返回类的实例，达到全局可见的效果。

通过以上几点就可以完全控制类实例的创建。无论有多少个地方需要使用这个类，它们访问的都是类唯一生成的实例。

当类只能有一个实例存在，并且可以在全局访问时，可以使用单例设计模式，比如网站计数器就可以使用单例模式来解决。

常见错误

示例 8.4 中的单例窗体在关闭时，在关闭方法 FrmPlayer_FormClosing( )中应将静态的唯一实例设置为 null。如果不这样做会怎样呢？我们关闭打开的播放器窗口，然后在主窗体的播放列表中选中一首歌曲点播时，程序会出现异常。

这个异常不易理解，所以我们可以这样处理：将播放器窗体的播放器组件去掉，只保留一个单例实现的孤立的窗体。重复上面的步骤，程序会报告错误。

错误显示了最根本的异常：“无法访问已释放的对象”。原因是窗体资源释放以后，窗体对象不为空。因此需要在单例窗体关闭事件中将窗体实例设置为 null。

8.3　设计模式的意义

设计模式可以提高软件的复用性，使编写的软件更易于扩展，更容易适应需求的变化。设计模式是面向对象在实际应用中的集中体现。

作为软件开发人员，一味地沉溺于技术细节会制约个人技术走向成熟。因此，学习软件设计，了解软件工程是每个开发人员必备的一课。掌握常用的设计模式可以提高设计能力，加深技术水平，这就需要在平时的实践中，不断体会和积累。

问答：

问题：是不是每个软件的设计开发都要用设计模式？

解答：一切软件的设计都基于它的需求，不能生搬硬套，纸上谈兵。如果滥用设计模式，反而会导致软件规模过大，使设计复杂化，降低可理解性。所以应用设计模式时需要深入体会它的使用环境。

问题：设计模式好处那么多，是不是要一口气全学会呢？

解答：设计模式就如同十八般兵器，作为一个武林高手，并不需要十八般兵器样样精通，但是一定要擅长其中的部分兵器，能够根据敌人的招数，选择合适的兵器出击。所以我们只需要掌握常用的设计模式，然后在工作中不断积累、不断实践即可。

本章总结

- 简单工厂设计模式由工厂类负责创建具体的对象，客户只需要知道工厂和产品的父类即可。
- 简单工厂返回的数据类型都是父类类型，工厂方法一般都是静态的。
- 单例设计模式确保一个类只有一个实例，并且提供一个全局访问点。
- 类的构造函数可以是私有的。实现了单例模式的类通常采用私有构造函数确保类不在类的外部被实例化。
- 设计模式是软件开发中对于某种需求的一种经验的总结，是特定问题经过实践检验的特定解决方法。

本章作业

一、选择题

1.下面关于设计模式说法错误的是(　　)。

A. 软件开发中对于某种需求的一种经验的总结

B. 设计模式可以根据需要随意使用

C. 设计模式的应用以需求为基础

D. 设计模式的使用会带来好处但也有一些代价

2.关于简单工厂说法错误的是(　　)。

A. 使用简单工厂时,必须先实例化工厂类

B. 使用简单工厂时,只需要知道产品的父类和工厂

C. 简单工厂实现了程序的复用

D. 简单工厂封装了对象的创建方法

3.关于单例设计模式说法正确的是(　　)。

A. 实现单例的类不能在该类的外部实例化

B. 实现单例的类可以有公有构造函数

C. 实现单例的类都用静态方法返回类的实例

D. 实现了单例的窗体类需要在窗体关闭时将窗体类的实例设置为 null

4.抽象类 DBHelper 提供操作数据库的基本方法,其子类 OraHelper 和 SqlHelper 分别提供访问 Oracle 数据库和 SQL Server 数据库的方法,下面代码中用简单工厂实现返回数据库操作对象,正确的是(　　)。

A.
```
public class DBFactory
{
    public static DBHelper CreateDB(string strType , string strConnect)
    {
        switch(strType)
        {
            case"ORACLE":return new OraHelper(strConnect);
            case"SQLSERVER" : return new SqlHelper(strConnect);
        }
    }
}
```

B.
```
public class DBFactory
{
    public static void CreateDB(string strType , string strConnect)
    {
        switch(strType)
        {
            case"ORACLE":return new OraHelper(strConnect);
            case"SQLSERVER" : return new SqlHelper(strConnect);
        }
    }
}
```

C.
```
public class DBFactory
{
    public static OraHelper CreateDB(string strType , string strConnect)
```

```
    {
        switch(strType)
        {
            case"ORACLE":return new OraHelper(strConnectString);
            case"SQLSERVER" : return new SqlHelper(strConnectString);
        }
    }
}
```

D. public class DBFactory

```
{
public static SqlHelper CreateDB(string strType , string strConnect)
{
        switch(strType)
        {
            case"ORACLE":return new OraHelper(strConnectString);
            case"SQLSERVER" : return new SqlHelper(strConnectString);
        }
    }
}
```

5.阅读以下实现了单例模式的代码,其中(1)、(2)处分别应该填写的代码是(　　)。

```
public class CSharpSingleton
{
    private____(1)____CSharpSingleton mySingleton = null;
    ____(2)____CSharpSingleton( )
    {
    }
    public CSharpSingleton GetInstance( )
    {
        if (mySingleton == null)
        {
            mySingleton = new CSharpSingleton( );
        }
        return mySingleton;
    }
}
```

A. static　　public

B. 不填　　public

C. static　　private

D. 不填　　protected

二、简答题

1.简述简单工厂和单例两种设计模式的特点和适用范围。

2.试找出下面实现单例模式的代码的错误。

```
public class CSharpSingleton
{
    private static CSharpSingleton mySingleton = null;
    private CSharpSingleton( )
    {
    }
    public CSharpSingleton( )
    {
    }
    public CSharpSingleton GetInstance( )
    {
        if (mySingleton == null)
        {
            mySingleton = new CSharpSingleton( );
        }
        return mySingleton;
    }
}
```

3.用简单工厂的方式编程实现农夫种植农作物(Crop)。农作物父类定义三个抽象方法,包括农作物的种植(plant)方法、生长(grow)方法和收获(harvest)方法。农作物的派生类玉米(Corn)类和水稻(Rice)类,分别实现父类的抽象方法。在客户程序中分别输出显示水稻和玉米的种植、生长和收获。

4.一般的业务系统都会有一套日志程序,用来记录系统运行过程中的一些信息,比如系统发生的 bug,管理员的操作记录等。请使用简单工厂编写日志程序。

5.在第 4 题的基础上,使用单例模式使用日志类对象。

第 9 章　指导学习:汽车租赁系统

本章学习任务

- 学会使用继承和多态创建类
- 学会使用简单工厂创建对象

9.1　复习串讲

9.1.1　难点突破

表 9-1 中列出了本学习阶段的难点,这些技能你都掌握了吗?如果还存在疑惑,请写下你对这个技能感到疑惑的地方,我们可以通过教材复习,或者从网上查找资料学习,或者和同学探讨,或者向老师请教等方法突破这些难点。掌握这个技能后,在“是否掌握”一栏中画上“√”。这些技能是后续学习的基础,一定要在继续学习前全部掌握。

表 9-1　开发进度记录表

难点	感到疑惑的地方	突破方法	是否掌握
子类构造过程、base 关键字			
多态的实现			
抽象类和抽象方法			
简单工厂设计模式			
is 和 as 关键字			
单例:私有构造函数			

如果在学习中遇到其他难点,也请填写在表中。

9.1.2　知识梳理

继承和多态的知识体系如图 9.1 所示,我们可以借助这个图理清继承和多态在头脑中的知识体系构架。

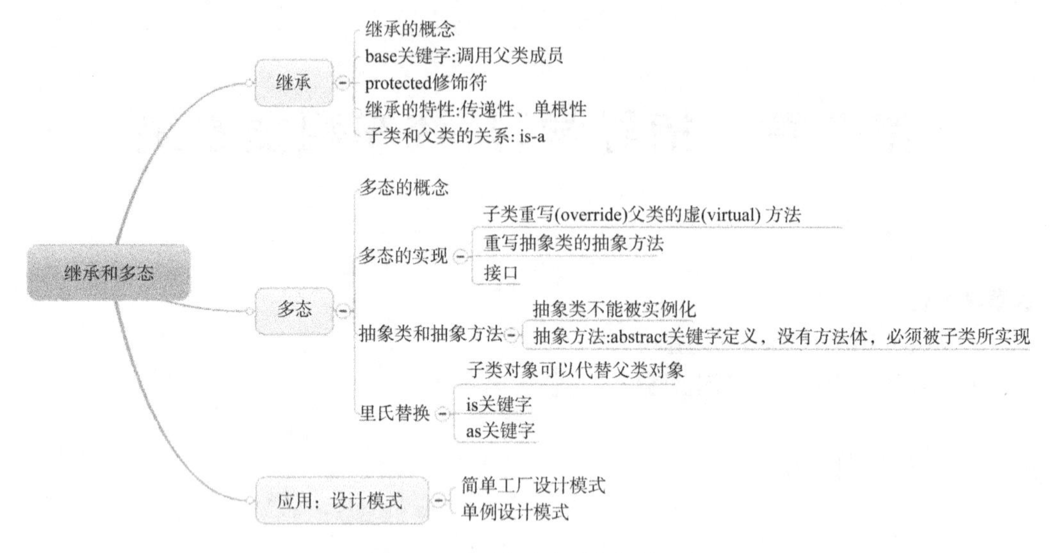

图 9.1　继承和多态的知识体系

9.2　综合练习

9.2.1　任务描述

本次综合练习的任务是开发“汽车租赁系统”。汽车租赁系统包括以下功能：

- 租车。显示系统中所有可出租的汽车，选中要出租的汽车，输入承租人。
- 还车。在待还车列表中选择汽车信息，输入出租天数，计算租金。
- 新车入库。需要录入汽车的车牌号、车型、颜色、使用时间和每日租金。如果是卡车还要录入卡车的载重量。

9.2.2　练习

分阶段完成练习。

阶段 1:搭建系统

需求说明

- 按照类图创建类，体会 Vehicle、Truck 和 Car 三个类之间的关系。
- 初始化可租用车集合信息。

```
//保存可租用车的集合
Dictionary<string , Vehicle> vehicles;
```

- 初始化结算车集合信息。

```
//保存租出的车的集合
Dictionary<string , Vehicle> rentVehicles;
```

阶段 2:实现汽车出租

需求说明

• 在出租界面单击"刷新"按钮,显示系统中所有可租用车辆的信息。

选择一辆车,输入租用者姓名,实现租车。如果用户没有选择车辆或者没有输入承租人,则系统给予提示。

提示:

```
string key = lvRent.SelectedItems[0].Text;
vehicles[key].RentUser = this.txtRenter.Text;
rentVehicles.Add(vehicles[key].LicenseNO, vehicles[key]);
if(vehicles.ContainsKey(key))
{
    vehicles.Remove(key);
}
PrintAutos(vehicles , lvRent); //重新绑定 ListView
MessageBox.Show("已出租." , "提示!" , MessageBoxButtons.OK ,
        MessageBoxIcon.Information);
```

阶段 3:实现还车

需求说明

• 在还车窗体中单击"刷新"按钮,将已租车集合中的数据绑定到 ListView 上。

• 选择一辆汽车,录入租车天数,计算租金。对于还车,同样要对输入的数据进行正确性验证。

提示:

```
string key = lvReturn.SelectedItems[0].Text;
rentVehicles[key].RentDate = int.Parse(this.txtRentDate.Text);
//调用抽象方法
double totalPrice = rentVehicles[key].CalcPrice( );
string msg = string.Format ("您的总价是{0}." , totalPrice.ToString( ));
MessageBox.Show(msg,"提示!" , MessageBoxButtons.OK , MessageBoxIcon.Information);
vehicles.Add(rentVehicles[key].LicenseNO, rentVehicles[key]);
if (rentVehicles.ContainKey(key))
{
        rentVehicles.Remove (key);
}
this.PrintAutos(rentVehicles , lvReturn);
```

• 在 Vehicle 类中编写计算租金的抽象方法,子类中重写该方法。

阶段 4:实现新车入库

需求说明

• 在新车入库窗体,添加可租用的新车。

• 使用简单工厂创建不同的子类对象。

提示：

```
public static Vehicle CreateVehicle (string licenseNO , string name ,
    string color , int yearsOfService ,
    double dailyRent , int load , string type)
{
    Vehicle vehicle = null;
    switch (type)
    {
        case"car" :
            vehic = new Car(licenseNO , name , color , yearOfService ,
            dailyRent);
            break;
        case"truck" :
            vehicle = new Truck(licenseNO , name , color , yearsOfService ,
            dailyRent , load);
            break;
    }
    return vehicle;
}
```

第 10 章　可扩展标记语言 XML

本章学习任务

- 能够编写 XML 文件
- 掌握 XML 文件的元素读取
- 能够使用 TreeView 控件创建动态树状菜单

10.1　XML 文件概述

XML 被称为可扩展标记性语言，是 eXtensible Markup Language 的缩写，在.NET 框架中是非常重要的一部分。它用于描述数据，是当前处理结构化文档信息的有力工具。

XML 技术应用广泛，最基本的如网站、应用程序的配置信息一般都采用 XML 文件描述。再比如 Web 服务中使用 XML 定义应用程序之间传输数据的标准格式。这些内容都会在后续的课程中进一步讲解。

如示例 10.1 所示的 XML 文件就非常简洁地描述了两个人的信息。

示例 10.1

```
<Engineer>
    <ID>1002</ID>
    <Name>张靓</Name>
    <Age>20</Age>
    <!-- -->
    <ID>1001</ID>
    <Name>周杰</Name>
    <Age>22</Age>
</Engineer>
```

从示例 10.1 可以总结出 XML 语言具有以下特点。

• XML 中用于描述数据的各个节点可以自由扩展，也就是说 XML 用于描述信息的标记不是固定不变的。比如示例 10.1 中可以对每个人的信息进行详细的扩展，如身高、体重等。

• XML 文件中的节点区分大小写。<Name></Name>和<name></name>即使两个节点的内容相同，XML 也认为它们是两个不同的节点。

• XML 中的每对标记通常被称为节点，它们是成对出现而且是必须成对出现的，用来描述这个节点存储的内容，在节点中存储该节点的信息。

对比：

XML 和 HTML 语法有什么区别？

• 不是所有的 HTML 的标记都需要成对出现，比如<p>、
。XML 则要求所有的标记必须成对出现。

• HTML 的标记不区分大小写，XML 则区分大小写。

问答：

问题：XML 是一种编程语言吗？

解答：XML 只是一种标记语言，不存在将 XML 文档转换为可执行的二进制代码的情况。

根据 XML 的作用，可以将"网络电视精灵"中的第一种频道信息用下面的方式描述。

```
<typeA version ="1.0">
    <channelName></channelName>   <!---电视台名称->
    <tvProgramTable>
        <tvProgram>
            <playTime></playTime>          <!--节目播出时间-->
            <meridien></meridien>                  <!--时段-->
            <programName></programName>      <!--节目名称-->
            <path></path>     <!--节目视频的本地路径-->
        </tvProgram>
            <!--...-->
    </tvProgramTable>
</typeA>
```

首先第一个节点称为根节点，它描述整个频道信息。根节点下是子节点。channelName 节点表示电视台名称。tvProgramTable 是具体的节目列表，这个节点可以包括多个节目节点。tvProgram 表示节目节点，每个节目的内容包括节目播出时间、节目播出时段、节目名称、节目视频路径等。遵循这种规范，我们只要将文档解析出来，就能够在网络电视精灵中显示这些节目。

10.2 如何操作 XML

10.2.1 解析 XML 文件

了解了 XML 文件中内容的结构层次关系后，如何读取并分析 XML 文件呢？我们用示例 10.2 的程序解析示例 10.1 所示的 XML 文件。

示例 10.2：

```
public static void Main ( string[ ] args )
{
    XmlDocument myXml = new XmlDocument( );
    myXml.Load ("Engineer.xml");  //读取指定的 XML 文档
    XmlNode engineer = myXml.DocumentElement; //读取 XML 的根节点
    foreach (XmlNode node in engineer.ChildNodes) //对子节点进行循环
    {
        //将每个节点的内容显示出来
        switch (node.Name)
        {
            case"ID" :
                Console.WriteLine("ID : {0}", node.InnerText);
                break;
            case"Name" :
                Console.WriteLine("姓名 : {0}", node.InnerText);
                break;
            case"Age" :
                Console.WriteLine("年龄 : {0}", node.InnerText);
                break;
        }
    } //end of foreach
    Console.ReadLine( );
}
```

示例 10.2 的运行结果如图 10.1 所示。

```
ID:1002
姓名:张靓
年龄:20
ID:1001
姓名:周杰
年龄:22
```

图 10.1　解析 XML

从图 10.1 可以看出，示例 10.2 中的程序成功地解析了示例 10.1 中的 XML 文档，现在我们来分析代码。

• XmlDocument 对象可表示整个 XML 文档，它使用 Load( )方法将指定的 XML 文件读入 XmlDocument 对象，Load( )方法的参数是 XML 文档的路径。属性 DocumentElement 用于获取 XML 文件的根节点。

• XmlNode 对象表示一个 XML 中的节点。ChildNodes 属性用于获取该节点下的所有子节点。节点的 Name 属性可以获取当前节点的名字(Name 属性获取的是"<Name>"中的 Name),而节点的 InnerText 属性用于获取当前节点的值(<Name>张靓</Name>,获取的是"张靓"),操作 XML 的对象属性和方法见表 10-1。

表 10-1 操作 XML 的对象属性和方法

对象	属性和方法	说明
XmlDocument	DocumentElement 属性	获取根节点
	ChildNodes 属性	获取所有子节点
	Load( )方法	读取整个 XML 的结构
XmlNode	InnerText 属性	当前节点的值
	Name 属性	当前节点的名称
	ChildNodes 属性	当前节点的所有子节点

问答:

问题:XmlNode 对象的属性 ChildNodes 表示当前节点所有子节点,它是一个数组吗?

解答:不对,根据 MSDN 的解释:"Returns a XMLNodes collection…",它表示当前节点子节点的集合。

学习了如何读取 XML 文件,下面就应用这些技术解析"网络电视精灵"中关于电视台信息的 XML 文件。

10.2.2 解析"网络电视精灵"的 XML 文件

网络电视精灵的所有频道信息格式如下。

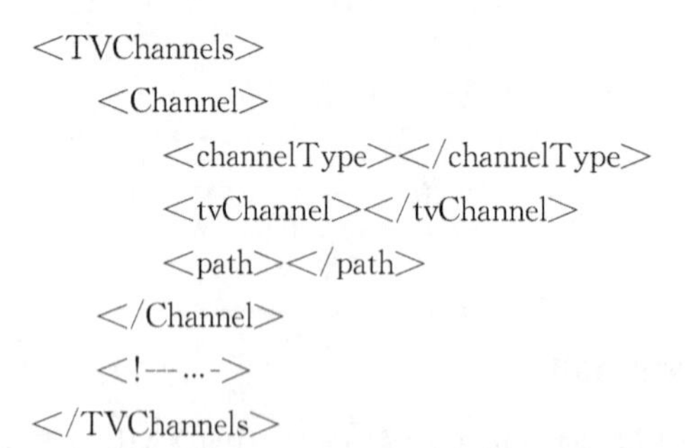

```
<TVChannels>
    <Channel>
        <channelType></channelType>
        <tvChannel></tvChannel>
        <path></path>
    </Channel>
    <!---...->
</TVChannels>
```

如何解析这个文件呢? 根据上面学习的解析 XML 的技术,分析如下。

(1)窗体加载时,读取并解析文件,初始化所有频道集合 FullChannel。

(2)必须明确 XML 节点的层次关系。

- 根节点是 TVChannels。
- 根节点的子节点 Channel 表示各个频道对象。

• Channel 节点的各个子节点表示频道对象的属性：频道类型、频道名称、频道文件路径。

通过以上分析，我们用示例 10.3 展现读取所有频道的方法。

示例 10.3

```
public void LoadChannel ( )
{
    try
    {
        //预处理集合，防止被重复加载数据
        fullChannel.Clear( );
        XmlDocument xmlDoc = new XmlDocument( );
        //加载 xml 文件
        xmlDoc.Load(channelPath);
        //获得根节点
        XmlElement xmlRoot = xmlDoc.DocumentElement;
        //遍历 Channel 节点
        foreach (XmlNode node in xmlRoot.ChildNodes)
        {
            //通过简单工厂，根据频道类型创建对象
            ChannelBase channel = ChannelFactory.CreateChannel
                (node["channelType"].InnerText);
            //按节点名称查找节点对象
            channel.ChannelName = node["tvChannel"].InnerText;
            channel.Path = node ["path"].InnerText;
            this.fullChannel.Add(channel.ChannelName , channel);
        }
    }
    catch
    {
        throw new Exception("数据加载错误!");
    }
}
```

细心的学员会发现，示例 10.3 中是通过节点名称直接获得节点内容 node["tvChannel"]，和示例 10.2 访问节点内容的方式不一样。如果用示例 10.2 的方式，示例 10.3 访问 Channel 节点的程序变为：

```
foreach (XmlNode nade in xmlRoot.ChildNodes)
{
    //通过简单工厂，根据频道类型创建对象
    ChannelBase channel = ChannelFactory.CreateChannel
        (node["channelType"].InnerText);
```

```
        foreach (XmlNode childNode in node.ChildNodes)
        {
            switch (childNode.Name)
            {
                case"tvChannel" : channel.ChannelName = childNode.InnerText; break;
                    case"path" : channel.Path = childNode.InnerText;   break;
            }
        }
        this.fullChannel.Add(channel.ChannelName, channel);
    }
```

很显然,示例 10.2 的方式需要多一个 foreach 遍历,需判断每一个节点的 name 属性,不如示例 10.3 直接通过节点名访问快捷方便。

10.3 用 TreeView 显示数据

解析完存储频道信息的 XML 文件,下一步需要将它们显示在网络电视精灵界面上。由于频道的内容是明显的树状结构,所以我们用 TreeView 控件来展示。

在第一学期,我们曾经学过在 Visual Studio 的设计器里给 TreeView 添加节点,也就是说,在程序运行之前树形控件里的内容就已经确定了。很显然,很多菜单需要在运行时确定,比如一个 OA 系统,不同角色的人员进入系统时看到的是不同的内容,即只有在系统运行时才决定展示的内容。

10.3.1 动态绑定 TreeView

通过编码的方式可以实现给 TreeView 动态绑定节点信息。

显示一个树状菜单,实现的功能如下。

- 单击子节点,文本框中显示相应的节点文本。
- 单击"添加根节点"按钮,在 TreeView 中添加一个根节点。
- 选中某节点,单击"添加子节点"按钮,在选中节点下添加子节点。

运行示例 10.4 的代码完成所需的功能。

示例 10.4

```
1    public partial class MainForm:Form
2    {
3    public MainForm()
4    {
5        InitializeComponent();
6    }
7    //<summary>
8    //显示新闻标题(子节点信息)
9    //</summary>
```

```
10          private void tvMenu_AfterSelect(object sender, TreeViewEventArgs e)
11      {
12          //判断节点层级,如不是根节点,选中时,在文本框中显示相应的值
13          if(this.tvMenu.SelectedNode.Level != 0)
14          {
15              //在文本框显示节点的文本
16              this.txtTitle.Text = e.Node.Text;
17          }
18      }
19      //添加根节点
20      private void btnAddRoot_Click(object sender, EventArgs e)
21      {
22          if(this.txtTitle.Text != string.Empty)
23          {
24              //创建一个节点对象
25              TreeNode rootNode = new TreeNode(this.txtTitle.Text);
26              //添加节点为 TreeView 根节点
27              this.tvMenu.Nodes.Add(rootNode);
28          }
29      }
30      //为 TreeView 控件中某一节点添加子节点
31      private void btnAddChild_Click(object sender, EventArgs e)
32      {
33          //判断文本框不为空且选中一个节点
34          if(this.txtTitle.Text != string.Empty &&
35                  this.tvMenu.SelectedNode != null)
36          {
37              //创建一个子节点对象
38              TreeNode childNode = new TreeNode(this.txtTitle.Text);
39              //添加节点为选定节点的子节点
40              this.tvMenu.SelectedNode.Nodes.Add(childNode);
41          }
42          else
43          {
44              MessageBox.Show("请选中一个根节点");
45          }
46      }
47      }
```

分析示例 10.4,可以得到操作 TreeView 的一般方法。

(1)要完成显示选中节点的文字信息,首先要得到这个节点。示例 10.4 中,this.tvMenu.SelectedNode 通过 TreeView 的 SelectNode 属性获得选中的节点。如何显示文本

呢？示例 10.4 中用的是 TreeNode 的 Text 属性。

(2)给 TreeView 添加节点用 Add( )方法。

• 创建一个 TreeNode 节点。

```
TreeNode rootNode = new TreeNode(this.txtTitle.Text)
this.tvMenu.Nodes.Add(rootNode).
```

• Add( )方法的参数可以是文本。

```
tvMenu.Nodes.Add("音乐新闻").
```

• Add( )方法的返回值是当前添加的节点对象。

```
TreeNode rootNode;
rootNode = this.tvMenu.Nodes.Add("音乐频道");
```

• 给选中的节点添加子节点。

```
this.tvMenu.SelectedNode.Nodes.Add(node);
```

经过总结，TreeView 的属性和重要事件如表 10-2 所示。

表 10-2　TreeView 的重要属性和事件

属　性	说　明
Nodes	TreeView 控件中的所有树节点
SelectedNode	当前 TreeView 控件中选定的树节点，如果当前没有选定树节点，返回值为 null
事　件	说　明
AfterSelect	选定树节点之后发生

TreeNode 的属性如表 10-3 所示。

表 10-3　TreeNode 的属性

属　性	说　明
Text	节点显示的文本
Index	节点在所在集合的索引
Level	节点在树状菜单中的层级 0、1、…
Tag	节点值
Nodes	节点的所有下一级子节点

现在已经能给 TreeView 添加节点，那么如何清除一个节点呢？

TreeView 的节点是一个集合，其实节点的删除方法和集合删除元素有些类似。

• 删除选定的节点。

```
this.tvMenu.SelectedNode.Remove( );
```

- 清空选中的节点的子节点。

```
this.tvMenu.SelectedNode.Nodes.Clear( )
```

- 清空 TreeView 控件的所有子节点。

```
this.tvMenu.Nodes.Clear( )
```

经验：

树状菜单的清空方法常用在更新树状菜单方法的最前面，这样可以保证节点不被重复加载。

凡加载信息的控件一般都有一个先清空控件元素的预处理过程，比如常用来加载信息的 ListView。

10.3.2　用 TreeView 显示电视频道

熟悉了如何动态操作 TreeView，那么给我们的网络电视精灵加载频道信息就水到渠成了。如示例 10.5 所示。

示例 10.5

```
1    private void UpdateTreeView()
2    {
3    //清空所有节点
4    this.tvChannel.Node.Clear();
5    //初始化根结点
6    TreeNode nodeFirstLevel = new TreeNode("我的电视台");
7    nodeFirstLevel.ImageIndex = 0;
8    this.tvChannel.Nodes.Add(nodeFirstLevel);
9    nodeFirstLevel = new TreeNode("所有电视台");
10    this.tvChannel.Nodes.Add(nodeFirstLevel);
11    //加载"所有电视台",循环所有频道集合
12    foreach(ChannelBase dicOne in myManager.FullChannel.Values)
13    {
14        //定义一个 TreeView 节点
15        TreeNode node = new TreeNode();
16        node.Text = dicOne.ChannelName;
17        node.Tag = dicOne;
18        node.ImageIndex = 1;
19        this.tvChannel.Nodes[1].Nodes.Add(node);
20    }
21    //...
22    }
```

示例10.5先给根节点添加了两个子节点——“所有电视台”和“我的电视台”。遍历从XML中读取的所有频道信息的集合，动态生成 TreeNode，然后加载到“所有电视台”节点下。

需要注意以下两点。

- 将 TreeNode 的 Tag 属性设置为频道对象。TreeNode 的 Tag 属性表示获取或设置包含树节点有关数据的对象。Tag 可以是任何类型，所以可以将任何与对应节点相关的信息存储在 Tag 属性中以备调用。在示例 10.5 中用 Tag 存储频道对象，要求完成单击树节点显示频道节目列表，这时 Tag 的值就派上用场了——直接在树节点中找到频道信息，不用再读取文件或者遍历频道集合。
- node.ImageIndex 表示 TreeNode 相关的图像索引。索引值从 0 开始，这个属性只有为 TreeView 分配了 ImageList 才有效。

本章总结

- XML 称为可扩展标记性语言，它主要用于描述数据。
- 读取一个 XML 文档使用 XmlDocument 对象，XML 节点使用 XmlNode 对象表示。
- XmlDocument 对象的 DocumentElement 属性可以获得 XML 文档的根，ChildNodes 属性可获得所有子节点。
- TreeView 用于显示具有层次结构的信息，主要属性有 Nodes 和 SelectedNode。Nodes 属性包含了 TreeView 顶级子节点集合；SelectedNode 表示当前选中的节点。
- TreeNode 表示 TreeView 的节点对象。Text 属性用于设置节点的文字描述，Tag 属性可以设置与节点相关的信息。
- 通过 TreeNode 的 Add( )方法可以给 TreeView 添加节点，Remove( )方法可以移除指定的节点，Clear( )方法可以移除指定节点下所有节点。

本章作业

一、选择题

1.下面关于 XML 描述错误的是(　　)。

A. XML 是可扩展标记性语言，它主要用于描述数据

B. XML 文件的节点不区分大小写

C. XML 文件的节点是自由可扩展的

D. XML 文件的节点都是成对出现的

2.下面关于如何取得 XML 文件某个节点内容的描述正确的是(　　)。

A. 通过 XmlDocument 的 InnerText 属性

B. 通过 XmlDocument 的 Name 属性

C. 通过 XmlNode 的 Name 属性

D. 通过 XmlNode 的 InnerText 属性

3.下面关于 TreeView 说法错误的是(　　)。

A. TreeNode 的属性 Level 从 1 开始

B. TreeView 的属性 SelectedNode 可以获取当前选中的节点

C. 如果 TreeNode 的父节点为 null,则它的 Level 属性必为 0

D. TreeView 的 Nodes 属性是一个存储 TreeNode 的数组

4.如果设 TreeView treeView1 = new TreeView( ),则 treeView1、Nodes.Add("根节点")返回的是一个(　　)类型的值。

A. TreeNode

B. int

C. string

D. bool

二、简答题

1.请将下面这段 XML 文件写法有误的地方指出并修改。

```
<?xml version ="1.0" encoding = "utf - 8" ?>
<Car>
    <Name>法拉利</Name>
    <Color>红色
    <Place>意大利<Place>
    <Name>保时捷</Name>
    <Color>银灰色
    <Place>德国<Place>
</Car>
```

2.请将下面的 XML 文件读取后绑定到一个 TreeView 控件中。

```
<Student>
    <Name>张靓</Name>
    <Age>20</Age>
    <Hobby>唱歌</Hobby>
    <Name>周杰</Name>
    <Age>22</Age>
    <Hobby>耍双节棍</Hobbt>
</Student>
```

3.阅读表 10-4 关于对程序员描述的信息,编写一个描述这些信息的 XML 文件。

表 10-4　程序员信息

姓　名	工　号	年　龄	性　别	人气值
王小毛	001	22	男	80
周新宇	002	24	女	100
艾编程	003	25	男	120

4.制作一个小型的备忘录,使用 XML 文档存储备忘信息。要求备忘信息包括 4 个元素,分别是 To、From、Heading、Message;还要有 3 个属性,分别是 date、month 和 year。主元素 Day 将包含所有这些属性。点击"新增"按钮后即添加成功。

5.查阅 MSDN,使用 XMLReader 类读取第 2 题的 XML 内容,显示在 TreeView 中。

第 11 章　文件操作

本章学习任务

- 掌握文本文件的读写
- 能够进行文件和文件夹操作

11.1　文件概述

我们知道，程序中的数据通常是保存在内存中的，当程序关闭后，这些内存中的数据就会被释放，所以如果想保存程序中的数据或者程序计算的结果，就需要将它们以某种方式保存到可永久保存数据的存储设备中(如硬盘)，这个过程有时也被称为数据持久化。我们可以考虑采取以下两种方式：数据库和文件。通常，数据库适用于大批量的包含负责查询的数据维护。对于简单的数据，用数据库存储操作复杂而且成本较高。而文件适合于相对简单的数据保存，例如，很多程序的用户配置信息都保存在文件中。

在我们平时使用计算机时，常常会碰到各种各样的文件，它们都是用来保存特定数据的。计算机使用不同的工具读取和保存不同的文件。计算机中常见文件如图 11.1 所示。

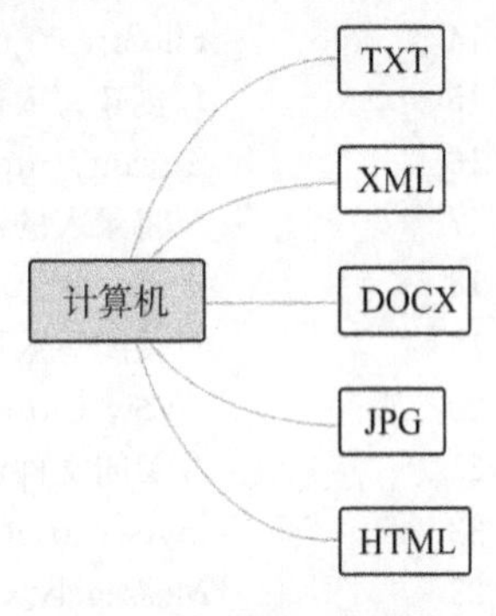

图 11.1　计算机中常见文件

我们可以使用文本文件保存文本信息，使用 Excel 文件保存表格信息，还可以使用 PPT 文件保存幻灯片，用 HTML 文件保存个人主页等。下面就来学习如何对一个文本文件进行操作。

11.2　如何读写文件

通常来讲，用 C# 程序读写一个文件需要以下五个基本步骤。

(1)创建文件流。

(2)创建阅读器或者写入器。

(3)执行读写操作。

(4)关闭阅读器或者写入器。

(5)关闭文件流。

在讲解这些概念之前，我们先给大家看一段程序，通过这五个基本步骤，你能体会到操作文件的简便快捷。这段程序是一个简单的文本读写器。

在"文件位置"文本框中输入要写入的文件路径,在文本区域输入内容,然后单击"写入"按钮就会将输入的内容写入指定的文件,这个文件是无须手动创建的。按照读写文件的五个步骤,如示例 11.1 所示,即可完成文件写入功能。这里需要在类中引入 System.IO 命名空间,这个命名空间的作用是处理文件和文件流。

示例 11.1

```
1    //写入文本文件
2    private void btnWrite_Click(object sender, EventArgs e)
3    {
4        string path = txtFilePath.Text;
5        string content = txtContent.Text;
6        if(path.Equals(null) || path.Equals(""))
7        {
8            MessageBox.Show("文件路径不能为空");
9            return;
10       }
11       try
12       {
13           //创建文件流
14           FileStream myfs = new FileStream(path, FileMode.Create);
15           //创建写入器
16           StreamWriter mySw = new StreamWriter(myfs);
17           //将录入的内容写入文件
18           mySw.Write(content);
19           //关闭写入器
20           mySw.Close();
21           //关闭文件流
22           myfs.Close();
23           MessageBox.Show("写入成功");
24       }
25       catch(Exception ex)
26       {
27           MessageBox.Show(ex.Message)
28       }
29   }
```

打开文件,内容写入成功,如图 11.2 所示。是不是很简单呢?也许你已经注意到,在进行文件读写的过程中,用到了两个新类,分别是 FileStream 和 StreamWriter。下面将详细讲解这两个类。

11.2.1 文件流

1. 创建文件流

读写文件的第一步是创建一个文件流。文件流是一个用于数据传输的对象。这里使

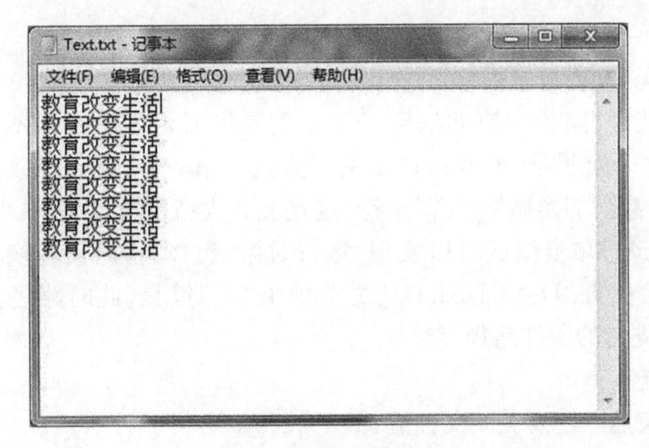

图 11.2　写入的文件

用的文件流是 FileStream 类，它主要用于读写文件中的数据，在创建一个文件流时，需要在它的构造函数中指定参数。

语法：

```
FileStream 文件对象 = new FileStream (String FilePath , FileMode);
```

其中 FilePath 用于指定操作的文件，而 FileMode 指定打开文件的模式，它是一个枚举类型。该枚举的不同成员如下。

- Create：用指定的名称新建一个文件。如果文件存在，则改写旧文件。
- CreateNew：新建一个文件。如果文件存在会发生异常，提示文件已经存在。将示例 11.1 中的创建文件流改为 FileStream myfs = new FileStream(path , FileMode.CreateNew)，运行时写入的文件如果存在就会出现异常。
- Open：打开一个文件。使用这个枚举值时，指定的文件必须存在，否则会发生异常。
- OpenOrCreate：OpenOrCreate 与 Open 成员类似，只是如果文件不存在，则用指定的名称新建一个文件并打开它。
- Append：打开现有文件，并在文件尾追加内容。

FileMode 枚举还有其他成员，在这里我们不再做列举。

在示例 11.1 中创建一个文件流时，需要创建一个新的文件，所以文件打开模式设为 FileMode.Create。

示例 11.1 中，我们所输入的路径是“D:\\Text.txt”，假如需要在程序中定义一个文件路径的常量，能否定义为 string path ="D:\\Text.txt"呢？

常见错误

```
private void btnWrite_click(object sender , EventArgs e)
{
    string path ="D:\\Text. txt ";
    FileStream fs=new FileStream(paths, FileMode. Create,
      FileAccess. ReadWrite);
```

```
}
```

运行这段代码，发现程序报错。

编译器告诉我们“路径中有非法字符”，也就是说C#程序内部不支持“C:\\Text.txt”。怎样解决这个问题呢？C#提供了两种方法。第一种，将路径改为“D:\\\\Text.txt”，即把“\\”字符全部换做“\\\\”字符，这是C#支持的标准写法。在文本框输入的“D:\\Text.txt”，经过单步调试可以发现，运行时系统自动将路径转换为“D:\\\\Text.txt”。第二种方法是在“D:\\Text.txt”之前加上“@”符号，此时路径为@“D:\\Text.txt”，这也是C#支持的文件路径写法。

2.关闭文件流

记住写入结束后一定要关闭文件流：myFs.Close( )。

11.2.2 文件读写器

1.StreamWriter 写入器

创建文件流之后，我们要创建读取器或者写入器，StreamWriter类称为写入器，用于将数据写入文件流，只要将创建好的文件流传入，就可以创建它的实例，例如：

```
StreamWriter mySw = new StreamWriter(myfs);
```

创建好写入器后，可以调用它的方法将要写入的内容写入文件流，其中的主要方法如下。

- StreamWriter.Write( )：用于写入流，这个流就是我们创建好的流。
- StreamWriter.WriteLine( )：用于写入一行数据，写入某些数据后跟换行符。
- StreamWriter.Close( )：用于关闭写入器。

需要注意的是，当写入器使用完毕，关闭写入器的方法是必须调用的，否则会出现要写的内容无法写入文件的情况。

在示例11.1中，先创建文件流对象，然后用文件流对象作为参数实例化写入器对象。程序结束时，首先关闭写入器对象，之后关闭文件流对象。假如关闭的顺序与示例11.1相反，会是什么样的结果呢？

常见错误

我们发现如果把写入器对象的关闭放在文件流关闭之后，程序会报错：“无法访问已关闭的文件”。原因其实很简单，在示例11.1中，写入器通过文件流对象操作文件，所以文件流先关闭就会导致写入器对象无法正常工作。从中可以得到一个一般性经验，如果一个程序用了多个流、读写器，它们的关闭顺序一般要和自身的程序中被创建的顺序相反。

2.StreamReader 读取器

StreamReader主要用于读取流中的数据，它主要包含以下几种方法。

- StreamReader.ReadLine( )：读取文件流中的一行数据，并返回字符串。
- StreamReader.ReadToEnd( )：从当前位置读到末尾，返回字符串。
- StreamReader.Close( )：用于关闭读取器。

接下来使用 StreamReader 完成文本读取工具的读取功能，如示例 11.2 所示。

示例 11.2

```
1   private void btnRead_Click(object sender, EventArgs e)
2   {
3       //打开
4       this.ofMain.ShowDialog();
5       string path = ofdMain.FileName;
6       if(path.Equals(null) || path.Equals(""))
7       {
8           return;
9       }
10      //检测是否是文本文件(以.txt 结尾)
11      string fileName = path.Substring(path.LastIndexOf("."));
12      if(!fileName.Equals(".txt"))
13      {
14          MessageBox.Show("请选择文本文件!","提示");
15          return;
16      }
17      string content;
18      try
19      {
20          //创建文件流
21          FileStream myfs = new FileStream(path, FileMode.Open);
22          //创建读取器
23          StreamReader mySr = new StreamReader(myfs, Encoding.Default);
24          //读取文件的所有内容
25          content = mySr.ReadToEnd();
26          txtContent.Text = content;
27          //关闭读取器
28          mySr.Close();
29          //关闭文件流
30          myfs.Close();
31      }
32      catch(Exception ex)
33      {
34          MessageBox.Show(ex.Message);
35      }
36  }
```

这里需要注意的是，当准备读取文件数据时，所创建的文件流的 FileMode 应该设置为 FileMode.Open，而不是 FileMode.Create。此外，读取结束后同样要将读取器和文件流关闭。

11.2.3 解决乱码问题

用 StreamReader 读取文件中的中文文本，有时会产生乱码问题。这是怎么回事？是 C# 语言有问题吗？不是。这其实是因为不同的文件编码格式可能不同。如果在编程时给文件读取器对象指定对应的编码格式，问题就迎刃而解了。示例 11.3 展示了如何指定编码格式。

示例 11.3

```
1    FileStream myfs = new FileStream(path, FileMode.Open);
2    //读取器
3    StreamReader mySr = new StreamReader(myfs, Encoding.Default);
4    content = my.ReadToEnd();
5    txtContent.Text = content;
```

示例 11.3 用 Encoding 类指定字符编码。Encoding 类位于 System.Text 命名空间，用来表示字符编码。

可以通过 Encoding 类的静态成员指定编码格式。例如：

- Encoding.UTF8：获取 UTF-8 格式的编码。
- Encoding.Default：获取操作系统的当前编码。

也可以通过 Encoding 类的静态方法 GetEncoding(string name)指定字符编码，参数 name 必须是 C# 支持的编码名。例如：

```
StreamReader mySr = new StreamReader(myfs, Encoding.GeEncoding("GB2312"));
```

资料：

以下是各种常见的编码。

- ASCII 编码：美国信息交换标准码，适用于纯英文环境，但不适合英文之外的环境。
- ANSI 编码：向下兼容 ASCII，并且保留空余位置用于处理一些特殊字符。
- GB2312 编码：中国国家标准的汉字编码，它收录的汉字基本满足汉字的计算机处理需要，但不支持繁体中文编码，后来又增加了 GBK 字符集与 BIG5 字符集。
- Unicode 编码：国际组织制定的可以容纳世界上所有文字和符号的字符编码方案。由于 Unicode 编码所占用的空间较大，所以出现了一些中间格式的字符集，它们被称为通用转换格式，即 UTF(universal transformation format)。目前存在的 UTF 格式有 UTF-7、UTF-8、UTF-16、UTF-32。UTF-8 是 Unicode 的一种变长字符编码，现在已被标准化为 RFC 3629。UTF-8 便于不同的计算机之间使用网络传输不同语言和编码的文字，使得双字节的 Unicode 能够在现存的处理单字节的系统上正确传输。

C# 语言内部默认支持 UTF-8 编码。

11.2.4　定制信息写入文本文件

1.需求说明

• 将定制的频道信息写入文本文件 save.txt。

• 写入格式：频道类型|电视台名称|节目单存储路径，比如：TypeA|北京电视台|files/北京电视台。

• 注意：作为各写入项间隔符的"|"可以换作其他符号，但是必须保证这个符号不是写入项中的内容。比如用"/"作为间隔符，会保存如"TypeA/北京电视台/files/北京电视台"这样的信息，这显然会导致读取频道信息异常。

2.实现思路

• 在 ChannelManager 类中编写 SaveASTxt( )方法，实现将定制的频道信息存入.txt 文件。

• 编写主窗体的 FormClosed 事件，调用 SaveAsTxt()方法。

3.参考解决方案

```
1    //将定制频道信息存入文本文件
2    public void SaveAsTxt()
3    {
4        try
5        {
6                FileStream fs = new FileStream(saveFileName +
7        ".txt",FileMode.Create);
8                StreamWriter writer = new StreamWriter(fs,
9                  Encoding.GetEncoding("GB2312"));
10           string type ="";
11           //循环定制频道列表
12           for(int index = 0;index < this.seria.MyFavor.Count;index++)
13           {
14               ChannelBase channel = this.seria.MyFavor[index];
15               if(channel is TypeBChannel)
16               {
17                   type ="TypeB"
18               }
19               else
20               {
21                   type ="TypeA"
22               }
23               writer.WriteLine(type
24                   +"|" + channel.ChannelName
25                   +"|" + channel.Path);
26           }
```

```
27              writer.WriteLine("End of my Favor");
28                  writer.Close();
29                  fs.Close();
30          }
            Catch(Exception ex)
            {
                MessageBox.Show("写入文件失败:"+ex.ToString());
            }
        }
        //主窗体的FormClose方法
        private void MainForm_FormClosed(object sender,
              FormClosedEventArgs e)
        {
            //退出之前存储信息
            myManager.SaveAsTxt();
            Application.Exit();
        }
```

11.3 文件和目录操作

1.File 类和 Directory 类

前面已经学习了如何读写文件,实际上文件的操作远不止这些,比如说还有移动文件和删除文件,那么C#如何实现这些功能呢?

.NET 框架类库向用户提供了一个 File 类,该类也位于 System.IO 命名空间中,File 类提供了许多方法用于文件操作。表 11-1 列出了它的主要操作方法。

表 11-1 File 类的常用方法

序 号	方 法	说 明
1	Exists(string path)	用于检查指定文件是否存在,该方法返回一个布尔值
2	Copy(string SourceFilePath, string DestinationFilePath)	将指定路径的源文件中的内容复制到目标文件中,如果目标文件不存在,则在指定路径中新建一个文件
3	Move(string sourceFileName, string destFileName)	将指定文件移到一个新的路径
4	Delete(string path)	删除指定的文件,如果指定的文件不存在,也不会引发异常

需要注意的是 File 类的 Exist( )方法在进行文件操作时会常常被用到。很明显,如果不事先判断文件是否存在,那么对于文件的复制、移动、删除等操作都可能失败。

熟练使用这些方法,会使操作文件得心应手。如示例 11.4 所示,程序实现了将一个文件从某个位置移动到另外一个位置,以及删除指定路径文件的功能。

示例 11.4

```
1    public partial class MainForm : Form
2    {
3        public MainForm()
4        {
5            InitializeComponent();
6        }
7        //复制并移动文件
8        private void btnCopy_Click(object sender, EventArgs e)
9        {
10           Try
11           {
12               //检查一个文件是否存在
13               if(!File.Exists(this.txtFileName.Text))
14               {
15                   MessageBox.Show("文件不存在");
16               }
17               else
18               {
19                   //将源文件拷贝到一个新文件
20                   File.Copy(this.txtFileName.Text, this.txtCopyName.Text);
21                   MessageBox.Show("拷贝成功!");
22               }
23           }
24           catch(Exception ex)
25           {
26               MessageBox.Show(ex.Message);
27           }
28       }
29       //删除指定的文件
30       private void btnDel_Click(object sender, EventArgs e)
31       {
32           try
33           {
34               if(!File.Exists(this.txtDelName.Text))
35               {
36                   Message.Show("文件不存在");
37               }
38               else
39               {
40                   //删除指定文件
```

```
41                    File.Delete(this.txtDelName.Text);
42                    MessageBox.Show("删除成功!");
43                }
44            }
45            catch(Exception ex)
46            {
47                MessgaeBox.Show(ex.Message);
48            }
49        }
50    }
```

提到了文件的操作,就不能不提如何操作目录(文件夹)。操作目录的类是 Directory,表 11-2 显示了 Directory 类的常用方法。

表 11-2　Directory 类的常用方法

序　号	方　法	说　明
1	Exists(string path)	用于检查指定文件夹在磁盘上是否存在
2	Move(string sourceDirName, string destDirName)	用于将文件或目录及其内容移到新位置
3	Delete(string, bool)	删除指定目录,如果 bool 值为 true,则删除子目录中的所有目录内容

2.静态类和静态方法

File 类和 Directory 类在使用它们的方法时都不需要实例化,而是直接通过"类名.方法名( )"的方式调用。回忆以前学过的知识,你一定知道这是静态方法的调用方式。而今天我们要介绍一个新的概念:静态类。那么什么是静态类呢?静态类只含有静态方法,不能使用 new 关键字创建静态类的实例。

静态类和非静态类的区别见表 11-3。

表 11-3　静态类与非静态类的区别

静态类	非静态类
用 static 修饰	不用 static 修饰
只包含静态成员	可以包含静态成员
不可以包含实例成员	可以包含实例成员
使用类名调用静态成员	使用实例对象调用非静态成员
不能被实例化	可以被实例化
不能包含实例构造函数	包含实例构造函数

3.提供实例方法的文件和目录操作

前面讲的 File 类和 Directory 类都用静态方法操作文件和目录,其实.NET 框架提供了用示例方法操作文件和目录的类。

FileInfo 类和 File 类的功能类似，都可以完成对文件的复制、移动、删除等操作。不同的是，使用 FileInfo 类必须实例化对象。示例 11.5 展示了 FileInfo 类的基本用法。

示例 11.5

```
1    FileInfo fi = newFileInfo(@"D:\\temp\\FileInfo.txt");
2    Console.WriteLine("文件是否存在:" + fi.Exists);
3    Console.WriteLine("文件名:" + fi.Name);
4    Console.WriteLine("文件目录名:"+ fi.Directory.Name);
5    fi.CopyTo("E:\\\\temp\\\\FileInfo.txt");
```

示例 11.5 展示了如何创建一个 fileInfo 对象，并用 CopyTo( )方法复制文件到指定位置。FileInfo 类的属性和方法见表 11-4。

表 11-4　FileInfo 类的属性和方法

属　性	说　明
Exists	用于检查指定文件是否存在，返回一个布尔值
Extension	获取表示文件扩展名部分的字符串
Name	获取文件名
FullName	获取目录或文件的完整目录
方　法	说　明
CopyTo(String)	将现有文件复制到新文件，不允许覆盖现有文件
Delete()	永久删除文件
MoveTo(String)	将指定文件移动到新位置

同样，DirectoryInfo 类和 Directory 类的功能类似，都可以完成对目录的复制、移动、删除等操作，但是使用 DirectoryInfo 类必须实例化对象。示例 11.6 展示了 DirectoryInfo 类的基本用法。

示例 11.6

```
1    DirectoryInfo di = new DirectoryInfo(@"D:\\test");
2    //返回当前目录的子目录
3    DirectoryInfo[] subDir = di.GetDirectories();
4    //返回当前目录的文件列表
5    FileInfo[] fi = di.GetFiles();
```

示例 11.6 展示了使用 DirectoryInfo 类的两个重要方法。

• GetDirectories( )：该方法返回当前目录的子目录的对象数组。Directory 类也有这个方法，但返回值是当前目录的子目录的名称数组。

• GetFiles( )：该方法返回当前目录下文件列表(FileInfo 对象数组)。Directory 类也有这个方法，但返回值是返回指定目录下的文件名数组。

如果需要对当前目录下的子目录和文件进行进一步操作，显然用 DirectoryInfo 类比较方便，而只想知道当前目录下的子目录和文件的名字，则可以选用 Directory 类。

11.4 文件的综合运用

操作目录可以用 Directory 类和 DirectoryInfo 类。我们以操作 Windows 资源管理器为例，由于资源管理器中的目录需要多次使用，所以优先选择 DirectoryInfo 类。如示例 11.7 所示，使用 DirectoryInfo 类获取 D 盘下的所有目录，并将目录信息显示在 TreeView 树状菜单中。

示例 11.7

```
1   DirectoryInfo directoryInfo=new DirectoryInfo(node.Tag.ToString());
2   DirectoryInfo[] dirs = directoryInfo.GetDirectories();
3   foreach(DirectoryInfo di in dirs)
4   {
5       TreeNode temp = new TreeNode();
6       temp.Text = di.Name;
7       temp.Tag = di.FullName;
8       node.Nodes.Add(temp);
9   }
```

示例 11.7 中的 node 对象是 TreeView 菜单的根节点，将它初始化为“D:\\”。通过根节点的路径实例化 DirectoryInfo 的实例 directoryInfo，然后用 DirectoryInfo 类的 GetDirectories( )方法，返回 D 盘下所有的子目录。GetDirectories( )方法返回的是一个 DirectoryInfo 对象数组。程序最后循环这个目录对象数组，生成树节点。

问答：

问题：为什么不一次性将 D 盘下所有的目录，包括其子目录甚至子目录的子目录都加载到树状菜单上？

解答：考虑到 D 盘下的目录可能数量巨大，而目录中的目录仍然可能数量巨大，一次性加载不是不可能，只是程序的速度会变慢，给用户一种“盲等”的感觉，而只在点击某个目录的节点时才展开就明显提高了效率。

3.读取目录下的文件信息

读取文件信息的方式和读取目录信息方式大同小异。为了表示方便，我们定义一个 MyFile 类来存储文件信息。MyFile 类的属性如表 11-5 所示。

表 11-5　MyFile 类的属性

属性	类型	说明
FileLength	float	文件长度,以 kB 为单位
FileName	string	文件名
FilePath	string	文件路径
FileType	string	文件类型

如示例 11.8 所示,单击树状菜单上的目录节点,绑定该目录下文件的基本信息。

示例 11.8

```
1   //获取目录下文件列表,directoryInfo 是目录对象
2   FileInfo[] fileInfo = directoryInfo.GetFiles();
3   //定义泛型集合存储文件信息
4   List<MyFile> files = new List<MyFile>();
5   //遍历文件列表
6   foreach(FileInfo myFile in fileInfo)
7   {
8       MyFile file = new MyFile();
9       file.FileName = myFile.Name;
10      file.FileLength = myFile.Length;
11      file.FileType = myFile.Extension;
12      file.FilePath = myFile.FullName;
13      files.Add(file);
14  }
```

11.5　实现文件复制

1.需求说明

- 完善小型资源管理器,实现文件复制。
- 支持用户从"浏览文件夹"对话框选定目标位置。

2.实现思路

- 在右键快捷菜单的响应事件中实现文件移动。
- 浏览文件夹对话框使用 FolderBrowserDialog 类。
- 文件复制使用 File 类的 Copy( )方法。

3.参考解决方案

```
1   private void tisiCopy_Click(object sender, EventArgs e)
2   {
3   if(this.lvFiles.SelectedItems.Count == 0)
4   {
```

```
5          return;
6      }
7      //提示用户选择目标文件夹
8      FolderBrowserDialog fbd = new FolderBrowserDialog();
9      DialogResult result = fbd.ShowDialog();
10      //源文件路径
11      string sourcePath = lvFiles.SelectedItems[0].SubItems[3].Text;
12      //目标文件路径
13      string desPath = null;
14      //如果正确选择目标位置,执行复制操作
15      if(result == DialogResult.OK)
16      {
17          desPath = fbd.SelectedPath;
18          //lvFiles 表示显示文件信息的 ListView 对象
19          desPath +="\\\\" + lvFiles.SelectedItems[0].SubItems[0].Text;
20          //复制文件
21          File.Copy(sourcePath, desPath);
22          MessageBox.Show("复制成功");
23
24      }
25      }
```

本章总结

• 读写文件的五个步骤:创建文件流、创建阅读器或者导入器、读写文件、关闭阅读器或者导入器、关闭文件流。

• 文件流的类是 FileStream,创建一个文件流时,需要制定操作文件的路径、文件的打开方式和文件的访问方式。

• StreamWriter 是一个写入器,StreamReader 是一个读取器。读写文本文件可以直接使用读写器,不用创建文件流,但是不容易控制文件的打开方式和访问方式。

• File 类用于对文件进行操作,如复制、移动、删除等;Directory 类用于对文件夹进行操作,它们都是静态类。

• 静态类只包含静态成员,非静态类可以包含静态成员;静态类不能包含实例成员,非静态类可以包含实例成员;静态类使用类名访问其成员,非静态类使用它的实例访问成员。

• FileInfo 类与 File 类功能类似,也可以完成对文件的基本操作。不同的是 File 类不可以实例化对象。如果打算多次重用某个文件对象,可以考虑使用 FileInfo 类,因为它不总是需要安全检查。

• DirectoryInfo 类与 Directory 类功能类似,可以完成对文件夹的基本操作。如果打算多次重用某个目录对象,可以考虑使用 DirectoryInfo 类的实例方法。

本章作业

一、选择题

1.在.NET中，创建一个文件流，指定打开一个文件，如果不存在，就创建一个新文件，FileMode的值应该是(　　)。

A. Open

B. Create

C. CreateOrOpen

D. OpenOrCreate

2.如果想将文件从当前位置一直到结尾的内容都读取，需要使用(　　)方法。

A. StreamReader.ReadLine( )

B. StreamReader.Read( )

C. StreamReader.ReadToEnd( )

D. StreamReader.ReadBlock( )

3.FileStream fs = new FileStream("c:\\\\test.txt",FileMode.Create,FileAccess.ReadWrite)。针对如上C#代码段，以下说法正确的是(　　)。(选两项)

A. 如果C盘根目录下已经存在文件test.txt，则编译错误

B. 如果C盘根目录下已经存在文件test.txt，则改写text.txt文件，将其内容清空

C. 如果C盘根目录下已经存在文件test.txt，则不做任何操作，但对该文件持有读写权

D. 如果C盘根目录下不存在文件test.txt，则建立一个内容为空的text.txt文件

4.关于File类的用法，下列说法正确的是(　　)。

A. Delete( )方法删除指定的文件，如果指定的文件不存在，会引发NoFileFound的异常

B. Copy(string filePath1 , string filePath2)方法将位于filePath2的文件复制到位于路径filePath1的位置

C. Exists( )方法用于检查指定的文件是否存在，该方法返回一个整型值

D. 使用File类需要引入的命名空间是System.IO

5.关于Directory类和DirectoryInfo类的用法，下列说法正确的是(　　)。(选两项)

A. Directory类的方法都是静态方法，可以直接调用，因此效率一定比调用DirectoryInfo类的实例方法高

B. Directory类的GetFiles( )方法返回的是指定目录下的FileInfo对象数组

C. DirectoryInfo类的GetFiles( )方法返回的是指定目录下的FileInfo对象数组

D. DirectoryInfo类的Directory类都可以用Exist( )方法检验指定目录是否存在

二、简答题

1.简述读写一个文本文件的过程。

2.下面的代码将查找“D:\\test.txt”文件，向文件中追加一行文字“I love C#”，试找出代码中的错误。

```
string path ="D:\\teat. txt";
```

```
if(File.Exists(paths)==1)
{
    return; //文件不存在,返回
}
FileStream fs = new FileStream(paths , FileMode.Open);
StreamWriter mySwx = new StreamWriter(fs , Encoding.Default);
mySwx.WriteLine("I love C# ");
fs.Close( );
mySwx.Close( );
```

3.创建控制台程序,添加 Book 类,包含属性书名(string)、出版社名(string)、作者(string)、价格(double)。

(1)创建几个图书对象,分别将它们的属性值写入到文本文件 book.txt 中。要求格式:

书的总数
书名
作者
出版社名
价格
例如:
2
鹿鼎记
金庸
人名文学出版社
120
绝代双骄
古龙
中国长安出版社
50

(2)将(1)中写入到 book.txt 文件中的数据读取出来,输出到控制台,要求格式:

第 1 本书:
书名:鹿鼎记
作者:金庸
出版社:人民文学出版社
价格:120
第 2 本书:
书名:绝代双骄
作者:古龙
出版社:中国长安出版社
价格:50

第 12 章　序列化和反序列化

本章学习任务

- 理解序列化和反序列化的概念
- 能够使用序列化和反序列化保持和恢复对象状态

12.1　序列化与反序列化概述

大家都知道，程序运行过程中所创建的对象都位于内存中，当程序运行结束，对象的生命周期就结束了。如果能将对象的信息保存下来，下次程序启动时读取这些信息将还原这些对象，使它们保持与上次结束时相同的状态。典型的例子如单击游戏中常见的进度保存功能，本次游戏如果半途中止，只需要保存进度，下次启动还可以继续。再比如应用程序的配置功能，前面我们通过拆解对象属性写入文件的方式使其持久化，其实还可以通过另外一种方法简单快捷地实现这种效果。

(1)在 SavingInfo 类引入这样一个命名空间；

```
using System.Runtime.Serialization.Formatters.Binary;
```

(2)在 SavingInfo、Remind、ChannelBase、TypeAChannel、TypeBChannel、TvProgram 类的头部加一个标记[Serializable]，例如：

```
[Serializable]
public class SavingInfo
{
//...
}
```

(3)编写 Save( )方法和 Load( )方法，如示例 12.1 所示。

示例 12.1

```
1    //序列方法
2    public void Save()
3    {
4        //定义文件流
5        FileStream fs = new FileStream(@"file\\save.bin", FileMode.Create);
6        //二进制方式
7        BinaryFormatter bf = new BinaryFormatter();
8        //序列化存储对象
```

```
9           bf.Serialize(fs, this.seria);
10          fs.Close();
11      }
12      //反序列化方法
13      public void Load()
14      {
15          //省略判断文件是否存在
16          FileStream fs = new FileStream(@"file\\save.bin", FileMode.Open);
17          BinaryFormatter bf = new BinaryFormatter();
18          this.seria = (SavingInfo)bf.Deserizlize(fs);
19          fs.Close();
20      }
```

经过验证,程序中对象的值都被正确地保存和读取了。简单的几段代码,实现了之前需要一大堆代码才能实现的功能,而且不用考虑文件的结构。更美妙的是,一旦配置发生了变化,直接修改 SavingInfo 类即可,Save( )和 Load( )方法无须改变。

12.1.1 序列化

序列化是将对象的状态存储到特定存储介质中的过程,也可以说是将对象状态转换为可以保持或传输的格式的过程。在序列化过程中,会将对象的公有成员、私有成员包括类名,转换为字节流,然后再把字节流写入数据流,存储到存储介质中,这里所说的存储介质通常指的是文件。.NET 可提供多种形式的序列化。

因为序列化需要通过文件流来保存文件,所以要先定义一个文件流,BinaryFormatter 是一个二进制格式化器,这个二进制格式化器具有一个非常重要的 Serialize( )方法:

```
public void Serialize(Stream serializationStream , Object graph)
```

- serializationStream 是指定序列化过程的文件流。
- Graph 是要保存的对象。

如果要序列化的对象包含子类对象,那么这个序列化的基本过程大致如图 12.1 所示。如果需要格式化某个对象,那么它的成员也必须是可序列化的。

问答

问题:如果在一个可序列化类中有我们不想序列化的属性,该怎么处理呢?

解答:只要在不想序列化的属性头部加上[NonSerialized]标记即可。

12.1.2 反序列化

既然能将对象的状态保存到特定介质中,那么又该怎样将这些对象状态读取回来呢?这就用到了本章的另一个知识:反序列化。所谓反序列化,顾名思义就是与序列化相反,

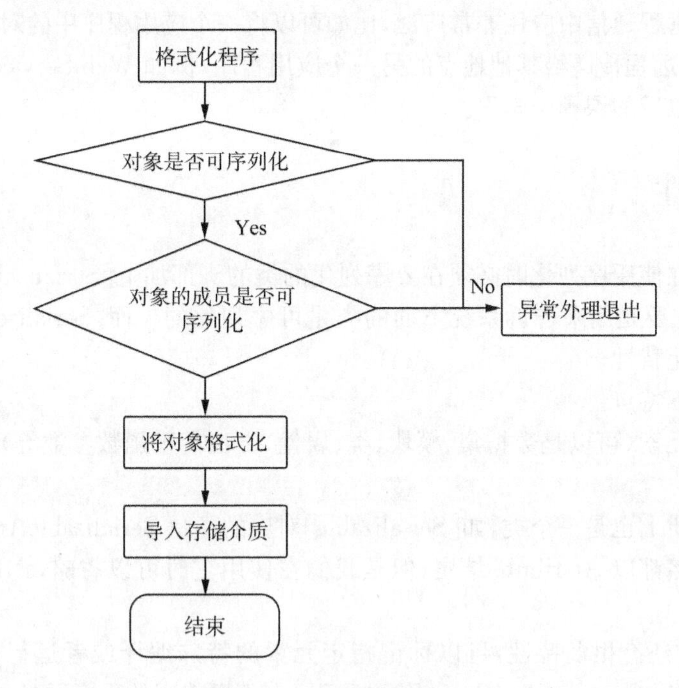

图 12.1　序列化的基本过程

序列化是将对象的状态信息保存到存储介质中，反序列化则是从特定存储介质中将数据重新构建成对象的过程。通过反序列化，可以读取存储在文件上的对象信息，然后重新构建为对象，这样就不需要再一一读取文件上的信息了。仍然以二进制格式化器为例，它的反序列化方法原型如下。

```
public Object Deserialize(Stream serializationStream)
```

注意，Deserialize( )方法会将存储介质的数据文件流转换为 Object，通常我们仍然需要进一步将这个 Object 转换为相应的对象类型，这时可参考示例 12.1 中的 Load( )方法。

反序列化将创建出与原对象完全相同的副本，在序列化时所保存的数据将被无损地保存下来。

12.1.3　序列化和反序列化的用途

序列化和反序列化可以保存对象的“全景图”。简单地说，通过序列化信息，不仅可以找到一个对象，还可以通过这个对象中包含的其他对象的引用找到其他对象。以此类推，可以组成一张“对象网”，在这个网上可以得到我们想要的信息。

我们经常需要将对象的字段值保存到磁盘中，并在以后检索此数据。尽管不使用序列化也能完成这项工作，但这种方法通常很繁琐，而且容易出错。可以想象一下编写包含大量对象的大型业务应用程序的情形，程序员不得不为每一个对象编写代码，以便将字段和属性保存至磁盘以及从磁盘还原这些字段和属性。序列化提供了轻松实现这个目标的方法。

序列化在远程通信中应用非常广泛，比如可以将一个应用程序中的对象序列化，然后通过网络通信，远程传递给其他地点的另一个应用程序，例如 Web Service 开发。这些内容都将在我们以后的课程中学习。

12.2 特性

前面讲过在使用序列化时必须在要序列化的类的头部加上[Serializable]标记。这个[Serializable]主要是用来告诉系统下面的类是可序列化的。而[Serializable]本身，我们称之为可序列化特性。

特性有以下特点。

- 为目标元素（可以是数据集、模块、类、属性、方法甚至函数参数等）加入附加信息，类似于注释。
- 特性本质上也是一个类，如[Serializable]对应的类是 SerializableAttribute。
- 特性命名都以 Attribute 结尾，但是我们在使用它时可以省略，.NET 会自动找到对应的特性类。

在.NET 中还有很多特性，可以标记指定元素的特殊编译或者运行方式，参考示例 12.2 所示的代码，ObsoleteAttribute 用于标记一个不再使用的程序元素。

示例 12.2

```
1    public class Program
2    {
3        [Obsolete("不要使用旧的方法,请使用新的方法",false)]
4        static void Old()
5        {
6            Console.WriteLine("这是旧方法");
7        }
8        static void New()
9        {
10            Console.WriteLine("这是新方法!");
11        }
12        public static void Main()
13        {
14            Old();
15        }
16    }
```

此例中，ObsoleteAttribute 标记了一个不再被使用的语言元素 Old( )。该特性的第一个参数是 string 类型，它解释了为什么该元素被废弃，以及该使用什么元素来代替它。实际上，我们可以书写任何其他文本来代替这段文本。第二个参数是告诉编译器把依然使用这个被标识的元素视为一种错误，此时如果试图编译这段代码就会提示错误“MyAttributes.Program.Old( )已过时，不要使用旧的方法，请使用新的方法”。如果第二个参数设置为 false,程序不会报错,但是编译器会发出一个警告。

定制特性主要应用在序列化、编译器指令、设计模式、组件开发等方面。以后我们会在开发中学习其他特性。

问答:

问题:是不是一个目标元素(类、属性等)只能有一个特性呢?

解答:答案是否定的,C#中的目标元素可以有多个特性,比如 MyClass 类同时有 Serializable、Obsolete 属性,使用方法如下。

```
[Serializable]
[Obsolete]
public class MyClass
{
    //...
}
```

此外,也可以将多个特性并列,用逗号隔开。

```
[Serializable , Obsolete]
public class MyClass
{
    //...
}
```

12.2.1　自定义特性

就像可以自定义类一样,在 C# 中也可以使用自定义特性。现在我们来构建自己的特性。假如有这样一个需求:在创建或者更新一个类文件时,要说明类的作者、版本号、创建日期等。通常的做法是什么呢?——大部分人会想到添加注释。

在实际工作中,可能有这样的需求,打印出软件项目中每一个类的作者、创建日期、修改日期等,这时是不是要把每一个类都翻一遍查看一下注释?显然这种方式费时费力,很不方便。

在这里我们用自定义的特性来实现。如示例 12.3 所示,创建一个特性用于记录类的作者、版本号。

示例 12.3

```
1    public class AuthorAttribute:Attribute
2    {
3        public string Name;
4        public string Version;
5        public AuthorAttribute(){}
6        public AuthorAttribute(string name, string version)
```

```
7           {
8               this.Name = name;
9               this.Version = version;
10          }
11      }
```

实现自定义特性的类都必须继承 Attribute 类，Attribute 类表示自定义属性的基类，它是 C# 中所有属性类的基类。

将预定义的系统信息或用户定义的自定义信息与目标元素相关联，定义完自定义的特性，那么该如何使用呢？如示例 12.4 所示。

示例 12.4

```
1    [Author("盖茨","1.0")]
2    Class MyText
3    {
4        public void Show()
5        {
6            Console.WriteLine("Hello");
7        }
8        }
9        static void Main(string[] args)
10        {
11            AuthorAttribute authorAttributed= (AuthorAttribute)Attribute
12                .GetCustomAttribute(typeof(MyText),
13              type(AuthorAttribute));
14        if(authorAttributed != null)
15        {
16            Console.WriteLine("Name:{0}",authorAttributed.Name);
17            Console.Writeine("Vrsion:{0}",authorAttributed.Version);
18        }
19    }
```

示例 12.4 中，在 MyTest 类的头部标记 AuthorAttribute 属性，并给 Name 属性赋值为“盖茨”，给 Version 属性赋值为“1.0”。在 Main()方法中，通过 GetCustomAttribute( )方法读取 MyTest 类的 AuthorAttribute 特性，并且输出该类的作者和版本号。

12.2.2 实现保存订单信息

1.需求说明

• 网上购物时某用户填写订单，订单内容为产品列表，保存在“save.bin”中。

• 运行时，如果不存在“save.bin”，则进行新订单录入。如果存在，则显示并计算客户所需付款。

2.实现思路

• 编写订单类、产品类、顾客类。订单类的属性有订单号、产品列表；产品类的属性有产品号、产品名称、产品数量、产品价格；顾客类的属性有顾客姓名、顾客的订单。

- 编写 Init( )方法提供从控制台输入购买信息。
- 编写 Save( )方法保存对象到"save.bin"。
- 编写 Load( )方法获得对象，计算客户所需付款。

3.参考解决方案

```
1	//////////////////////////Orader.cs 订单类//////////////////////////
2	[Serializable]
3	class Order
4	{
5	    //订单号
6	    public string OrderNo { get; set; }
7	    //产品列表
8	    public List<Product> ProductList { get; set; }
9	    public Order(string orderNo)
10	     {
11	         this.OrderNo = orderNo;
12	         this.ProductList = new List<Product>();
13	     }
14	     public Order(){ }
15	}
16	//////////////////////////Product.cs 产品类//////////////////////////
17	[Serializable]
18	public class Product
19	{
20	     public string ProductNo { get; set; }
21	     public string Name { get; set; }
22	     public int Num { get; set; }
23	     public float Price { get; set; }
24	     public Product(string productNo, string name, int num, float price)
25	     {
26	             this.ProductNo = productNo;
27	         this.Name = name;
28	         this.Num = num;
29	         this.Price = price;
30	     }
31	}
32	//////////////////////////Customer.cs 顾客类//////////////////////////
33	[Serializable]
34	class Customer
35	{
36	     public string Name { get; set; }
```

```
37          public Order Order { get; set; }
38          public Customer(){ }
39      }
40      /////////////////Test类,包含序列化和反序列化方法、主方法//////////////
41      public class Test
42      {
43      Customer cust = new Customer();
44          public void Init()
45          {
46              Console.WriteLine("请输入用户名:");
47              string customerName = Console.ReadLine();
48              Order order = new Order("A2321");
49              Console.WritwLine("请输入选择的产品:");
50              bool isContinue = true;
51              while(isContinue)
52              {
53                  Console.WriteLine("产品号:");
54                  string productNo = Console.ReadLine();
55                  Console.WriteLine("名称:");
56                  string name = Console.ReadLine();
57                  Console.WriteLine("购买数量:");
58                  int num = Int32.Parse(Console.ReadLine());
59                  Console.WriteLine("产品单价:");
60                  float price = Convert.ToSingle(Console.ReadLine());
61                  Product prod = new Product(productNo, name, num, price);
62                  order.ProductList.Add(prod);//将产品加入订单
63                  Console.WriteLine("是否继续?Y/N");
64                  string yesNo = Console.ReadLine();
65                  if(yesNo =="N" || yesNo == "n")
66                  {
67                      isContinue = false;
68                  }
69                  cust.Name = customerName;
70                  cust.Order = order;
71              }
72              //序列化
73              public void Save()
74              {
75                FileStream fs = new FileStream("save.bin", FileMode.Create);
76                BinaryFormatter bf = new BinaryFormatter();
77                bf.Serialize(fs, cust);
78              }
```

```
79              //反序列化
80              public void Load()
81              {
82                  FileStream fs = new FileStream("save.bin",FileMode.Open);
83                  BinaryFormatter bf = new BinaryFormatter();
84                  cust = (Customer)bf.Deserialize(fs);
85              }
86              static void Main(string[] args)
87              {
88                  Test test = new Test();
89                  if(File.Exists(@"save.bin"))
90                  {
91                      test.Load();
92                  }
93                  else
94                  {
95                      test.Init();
96                      test.Save();
97                  }
98                  //计算
99                  float total = 0;
100                  Console.WriteLine("产品名\\t 单价\\t 数量");
101                  foreach(Product prod in test.cust.Order.ProductList)
102                  {
103             Console.WriteLine(prod.Name+"\\t"+prod.Price+"\\t"+prod.Num);
104                          Total += prod.Price * prod.Num;
105                  }
106 
107              }
108              Console.WriteLine("\\n 订单总价:"+total);
109              Console.ReadLine();
110          }
111      }
```

12.2.3　实现动态提醒窗体

1.需求说明

编写提醒窗体，根据提醒节目列表，动态显示以下内容。

- 节目名称。
- 节目播放链接。

2.实现思路

- 动态加载控件。比如加载一个 Label 对象 lb，步骤如下：

①创建控件对象。

②设置对象属性。

③添加到窗体。

- 给控件动态绑定事件。

3.参考解决方案

```
1   public partial class RemindForm : Form
2   {
3       //提醒列表
4       private List<TvProgram> programList;
5       public RemindForm()
6       {
7           InitializeComponent();
8       }
9       //设置标题
10       public void SetWelcomeInfo(string message)
11       {
12           this.lbMess.Text = message;
13       }
14       //设置提醒信息
15       public void SetRemind(List<TvProgram> programList)
16       {
17           this.ProgramList = programList;
18           int startX = 100;
19           int startY = this.lbMess.Location.Y + this.lbMess.Height + 5;
20           int i = 0;
21           int resizeHeight = 50;//每添加一个节目窗体增长的高度
22           foreach(TvProgram item in programList)
23           {
24               this.Height += resizeHeight;
25               Label lb = new Label();
26               lb.Text = item.ProgramName;
27               lb.Tag = item;
28               //设置颜色,可以先在设计器里设计好,然后复制 Designer.cs 中的代码
29               lb.ForeColor = System.Drawing.Color
30                   .FromArgb(((int)(((byte)(0)))),
31                   ((int)(((byte)(0)))),((int)(((byte)(192)))));
32               lb.Visible = true;
33               lb.Width = 200;
34               //设置字体,可以先在设计器里设计好,然后复制 Designer.cs 中的代码
35               lb.Font = new System.Drawing.Font("隶书",15.75F,System.
36               Drawing.FontStyle.Bold,Syatem.Drawing.GraphicsUnit
```

```
37                    .Point,((byte)(134)));
38                    lb.Location = new Point(startX,startY + i * (5 + lb.Height));
39                    //添加控件到窗体
40                    this.Controls.Add(lb);
41                    //给控件绑定单击事件
42                    lb.Click += new EventHandler(lb_Click);
43                    i++;
44                }
45            }
46        //节目标签相应
47        public void lb_Click(object sender,EventArgs e)
48        {
49            PlayForm play = PlayForm.GetSingleton();
50            Label lb = (Label)sender;
51            TvProgram tv = (TvProgram)lb.Tag;
52            play.Play(tv.FilePath);
53            play.Show();
54        }
55    }
```

本章总结

- 序列化是将对象的状态存储到特定存储介质中的过程。
- 反序列化是将存储介质中的数据重新构建为对象的过程。
- 标识一个类是否能够序列化要在类的头部添加一个特性:[Serializable]。
- 特性其实就是一个类,它的主要功能是对程序中的元素添加描述性的信息。

本章作业

一、选择题

1.在 C# 中,下面关于序列化说法错误的是(　　)。(选两项)

A. 序列化是将对象转换为另一种媒介传输的格式过程

B. 序列化后的存储介质只能是二进制文件

C. 标识一个类是否能够序列化要使用[Serializable]

D. 一个类可序列化,它包含的类型也必须可序列化

2.下面特性不能标识的内容有(　　)。

A. 类

B. 属性

C. 方法

D. 应用程序

3.在 C#中,下面关于反序列化说法错误的是(　　)。(选两项)

A. 反序列化需要借助文件流才能进行

B. Deserialize 方法可以直接将序列化的数据文件流转换为所需的对象

C. Deserialize 方法只能将序列化文件流转换为 Object 类型

D. 对象只有被序列化为二进制信息才能被反序列化

4.要对"profile.bin"反序列化得到 Profile 对象,以下代码正确的是(　　)。

A.
```
FileStream fileStream = null;
fileStream = new FileStream("profile.bin", FileMode.Open);
BinaryFormatter bf = new BinaryFormatter();
Profile myFile = bf.Unserialize(fileStream);
```

B.
```
FileStream fileStream = null;
fileStream = new FileStream("profile.bin", FileMode.Create);
BinaryFormatter bf = new BinaryFormatter();
Profile myFile = bf.Deserialize(fileStream);
```

C.
```
FileStream fileStream = null;
fileStream = new FileStream("profile.bin", FileMode.Open);
BinaryFormatter bf = new BinaryFormatter();
Profile myFile = bf.Deserialize(fileStream) as Profile;
```

D.
```
FileStream fileStream = null;
fileStream = new FileStream("profile.bin", FileMode.Open);
Profile myFile = BinaryFormatter.Deserialize(fileStream) as Profile;
```

5.下列说法正确的是(　　)。

A. 序列化和反序列化要用的命名空间是 System.Runtime.Serialization.Formatters

B. 如果一个类的某个属性不想被序列化,需要在这个属性头部加 NonSerialized 特性

C. 用 BinaryFormatter 进行序列化只能序列化对象的公共属性

D. 序列化只能应用在应用程序配置信息的保存和读取中

二、简答题

1.简述序列化与反序列化的主要应用场合。

2.下面程序是对 Book 类进行序列化与反序列化,从代码中找出错误,并修改。

```
public class Book
{
    public Book(string bookName, string author, double price)
    {
        this.BookName = bookName;
        this.Author = author;
        this.Price = price;
```

```
    }
    //省略了类的属性
}
//序列化程序
using System;
using System.Collections.Generic;
using System.Text;
using System.IO;
namespace TestSerializable
{
    public class Serializable
    {
        public Book Book = new Book( );
        public void Save( )
        {
            FileStream fs = new FileStream("books.bin" , FileMode.Create);
            BinaryFormatter bf = new BinaryFormatter( );
            bf.Serialize(fs , Book);
            fs.Close( );
        }
        public void Load( )
        {
            FileStream fs = new FileStream("books.bin" , FileMode.Open);
            BinaryFormatter bf = new BinaryFormatter( );
            Book = bf.Deserialize(fs);
            fs.Close( );
        }
    }
}
```

3.运行控制台程序，检测本地是否保存学生对象。如果保存，则打印学员信息。如果没有保存，则通过学生类 Student 创建一个学生对象，之后打印出来并保存到本地文件（序列化）。

4.编写控制台程序，实现以下功能：检查本地是否有保存图书信息的文件 Books.bin。如果没有，提示用户输入两本书的信息，包括书名（BookName）、作者（Author）和售价（Price），然后序列化图书信息到 Books.bin 文件中；如果本地有保存图书信息的文件 Books.bin，则将本地信息反序列化输出，提示用户再次输入两本新的图书信息，并保存信息。

5.编写一个 Telephone 类，属性有价格（price）、产地（productPlace）、品牌厂商（producer）。创建 Telphone 对象，将对象序列化到本地文件中，然后根据用户输入的厂商名称，检索序列化文件中的对象，并显示在控制台上。如果检索不到，显示“没有找到任何信息”。

第 13 章　指导学习:课程总复习

本章学习任务

- 学会使用 TreeView 绑定集合数据
- 学会使用序列化读取文件
- 学会使用反序列化保存文件
- 学会使用简单工厂设计模式创建对象
- 学会解析 XML 文件

13.1　复习串讲

13.1.1　核心技能目标

学完本门课程的学员需要达到如下技能目标：

- 掌握类的方法、构造函数、值类型和引用类型。
- 能够熟练使用集合和泛型集合。
- 掌握继承的概念、特点及 base 关键字。
- 掌握多态的概念和实现方法,掌握抽象类和抽象方法。
- 熟悉简单工厂、单例等设计模式的使用范围,并能够在项目中灵活运用。
- 能够解析 XML 文件,能够创建文件和读取文件。
- 能够熟练运用 TreeView 高级控件。
- 能熟练进行序列化和反序列化操作。
- 掌握类的特性。

学员可以自我检查,看看是否达到了这些技能目标,如果还有疏漏和不足,就赶快查漏补缺吧。

13.1.2　知识梳理

1.面向对象

面向对象的知识体系如图 13.1 所示,我们可以借助这个图理清面向对象的知识体系架构。

2.文件操作

文件操作知识体系如图 13.2 所示。文件的读写、XML 操作是.NET 开发必备的技术。

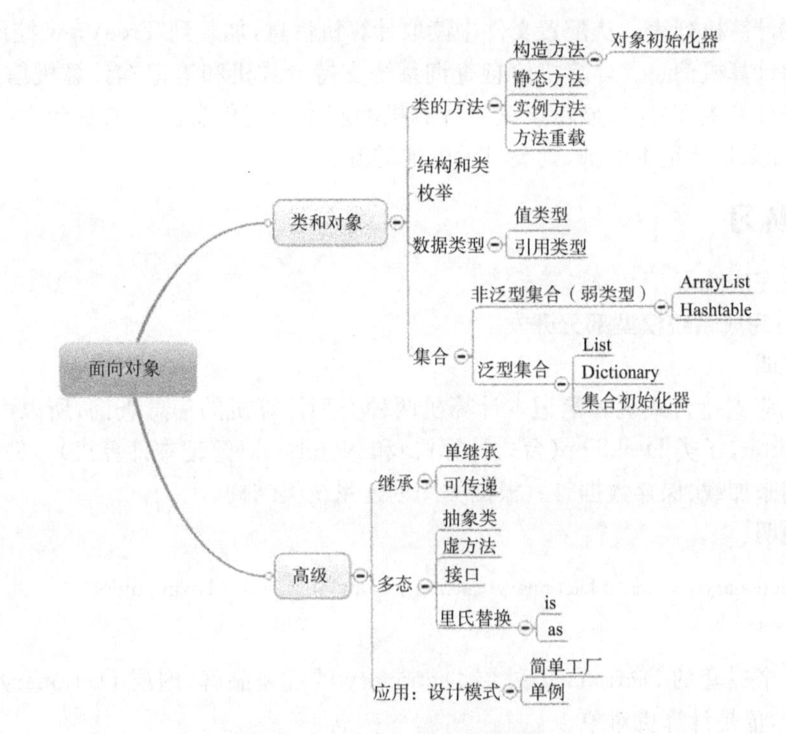

图 13.1　面向对象的知识体系

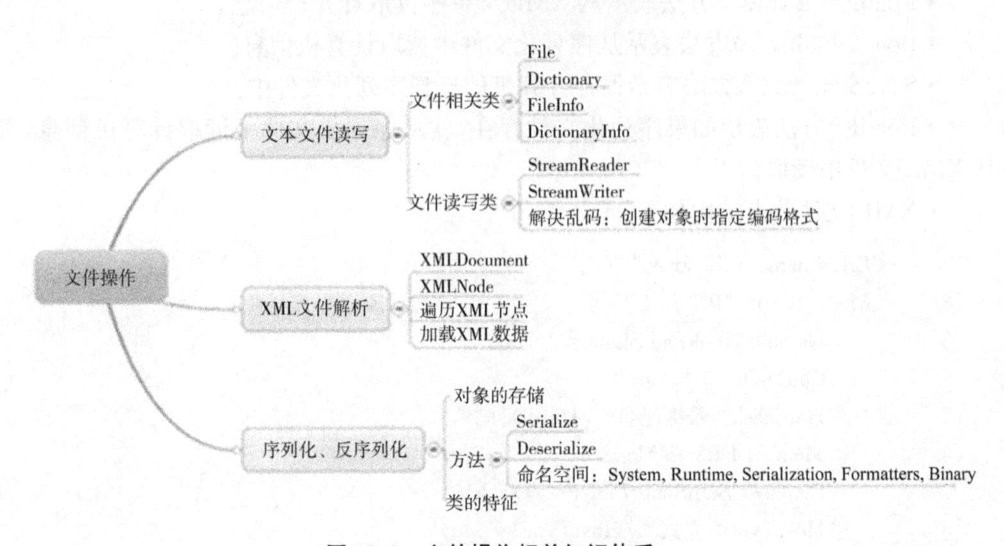

图 13.2　文件操作相关知识体系

13.2　综合练习

13.2.1　任务描述

本次综合练习的任务是开发“计算机信息查询系统”，它包括以下功能：

• 加载计算机列表。从配置文件中读取计算机信息，加载到 TreeView 控件中。

• 显示计算机信息。计算机信息查询系统支持台式机和笔记本计算机信息的显示。当用户单击计算机型号时，显示该型号计算机的基本配置信息。如果是台式机需要显示机箱类型；如果是笔记本电脑，则要显示电池类型。

13.2.2 练习

分阶段完成练习。

阶段 1：完成系统模型部分开发

需求说明

• 系统应支持台式机和笔记本计算机两种类型计算机的信息查询，所以可以抽象出父类 Computer，子类 DeskTop（台式计算机）和 NoteBook（笔记本计算机）。另外，创建一个管理类用来加载、保存数据等。根据类图创建系统类结构。

• 类说明：

```
public Dictionary<string , Dictionary<string , Computer >> Mycomputers
{ get;   set;   }
```

这是一个嵌套的 Dictionary，外层 Dictionary 的键是品牌，内层 Dictionary 的键是计算机的型号，值是计算机对象。

• LoadFromXml( )方法表示从 XML 文件中读取计算机信息。

• LoadSerialize( )方法表示从序列化文件中读取计算机信息。

• SaveSerialize( )方法表示保存计算机信息到序列化文件中。

• Load( )方法表示如果序列化文件存在，就从序列化文件中读取计算机信息，否则从 XML 文件中读取。

• XML 文件节点结构如下。

```
1    <Breed name="Lenoveo">
2    <Model Kind="PC">
3         <Name>ThinkPad SL400</Name>
4         <Cpu>T6400</Cpu>
5         <HardDisk>希捷酷鱼</HardDisk>
6         <Mem>DDR3</Mem>
7         <Display>SumSung 788DF</Display>
8         <HostType>立式</HostType>
9    </Model>
10    <Model Kind="NoteBook">
11         <!--其他型号-->
12    </Model>
13    </Breed>
14    <Breed name="DELL">
15    <!--其他品牌-->
16    </Bread>
```

提示:

```
Dictionary<string,Computer> tempDictionry = null;
foreach(XmlNode node in xmlRoot.ChildNodes)//品牌层
{
    brand = node.Attributes["name"].Value;
    tempDictionry = new Dictionary<string,Computer>();//计算机集合,键为型号
    foreach(XmlNode nodeBrand in node.ChildNodes)//型号层
    {
        if(nodeBrand.Attributes["Kind"].Value == "PC")
        {
            //台式机
            Desktop desk = new Desktop();
            desk.CPU = nodeBrand["Cpu"].InnerText;
            desk.Brand = brand;
            //省略其他属性的赋值
            tempDictionry.Add(desk.Name,desk);
        }
        else
        {
            //笔记本计算机
            //省略相关代码
        }
    }//end of foreach
    this.Mycomputers.Add(brand,tempDictionry);
}//end of foreach
```

阶段 2:实现加载计算机列表

需求说明

从文件中读取计算机列表,加载到 TreeView 控件上。如果存储计算机信息的序列化文件存在,从序列化文件中读取;如果不存在,则从 XML 文件中读取。

提示:

```
foreach(string key in cmp.Mycomputers.Keys)//cmp是ComputerManager
                                                    的对象
{
    TreeNode node = new TreeNode();
    node.Text = key;
    this.tvComputerList.Nodes.Add(node);//添加品牌节点
    foreach(Computer p in cmp.Mycomputers[key].Values)
    {
        TreeNode nodeChile = new TreeNode();
```

```
            nodeChild.Text = p.Name;
            node.Nodes.Add(nodeChild);//添加计算机型号节点
        }
    }
```

上 机 部 分

上机 1 .NET Framework 框架介绍

上机任务

任务 1 实现客户信息录入系统

任务 2 删除客户信息

任务 3 实现简单计算器

第 1 阶段 指导

指导 1 实现客户信息录入系统

完成本任务所用到的主要知识点：

- ADO.NET 操作数据库。
- WinForm 基础控件。
- 创建数据库及表。

问题

新建一个 Windows 应用程序，实现新增客户信息的功能，要求使用 ADO.NET 技术将新增的客户信息保存到数据库中。

解决方案

(1)创建一个数据库 customerDB，在库中创建一个 customerInfo 表，表的字段见表上机 1-1。

表上机 1-1 customerInfo 表字段

字段名	数据类型	约束	描述
id	INT	主键，自增	客户编号
name	VARCHAR(20)		客户姓名
birthday	DATETIME		客户生日
sex	BIT		1 表示男，0 表示女
phone	VARCHAR(50)		客户电话
company	VARCHAR(50)		客户公司
job	VARCHAR(50)		客户职位

插入测试数据如图上机 1.1 所示。

ID	NAME	SEX	BIRTHDAY	PHONE	COMPLAY	JOB
1	王文京	1	1975-10-10	12345678 …	用友软件	总经理
				…		

图上机 1.1　客户信息表测试数据

(2)新建一个 Windows 应用程序 CustomerSystem，修改默认窗体名称为 frmCustomer。设计窗体，表上机 1-2 列出了不同控件的属性。

表上机 1-2　frmCustomer 窗体中控件及其属性

控件	名称	文本	说明
GroupBox	grpCustomer	客户信息	
GroupBox	grpJop	客户职位	
Label	lblName	姓名	
Label	lblSex	性别	
Label	lblBirthday	生日	
Label	lblPhone	电话	
Label	lblCompany	公司	
TextBox	txtName		
RadioButton	radMale	男	
RadioButton	radFemale	女	
TextBox	txtPhone		
ComboBox	cboCompany		
DateTimePicker	dtpBirthday		
GroupBox	grbOperate	操作	
Button	btnAdd	添加	单击，添加数据
Button	btnReset	重置	单击，重置表单
ListBox	lstJob		

frmCustomer 窗体设计视图如图上机 1.2 所示。

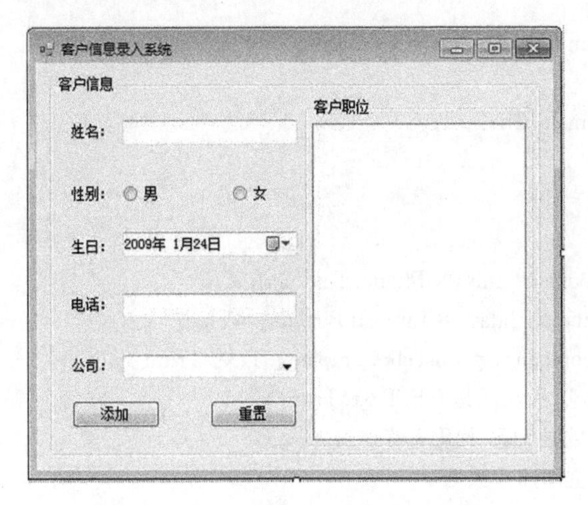

图上机 1.2　frmCustomer 窗体设计视图

(3)为 frmCustomer 窗体添加 Load 事件,初始化数据,代码如下:

```
1	private void frmCustomer_Load(object sender, EventArgs e)
2	{
3		string[] companys = new string[]{"东软集团","中软集团","用友软件","
4		正太软件","金山软件","润和软件","虹信软件"};
5		this.cboComplany.Items.AddRange(companys);
6		this.cboComplany.SelectedIndex = 0;
7		string[] jobs = new string[]{"产品经理","项目经理","需求分析师","项目架构师",
8		"文档工程师","软件工程师","测试工程师","实
9		施工程师","售后服务工程师"};
10		this.lstJob.Items.AddRange(jobs);
11		this.lstJob.SelectedIndex = 0;
11	}
```

(4)在 btnReset 按钮的 Click 事件中添加如下代码,实现表单重置。

```
1	private void btnReset_Click(object sender, EventArgs e)
2	{
3		this.txtName.Clear();
4		this.txtPhone.Clear();
5		this.radMale.Checked = true;
6		this.cboComplany.SelectedIndex = 0;
7		this.lstJob.SelectedIndex = 0;
8	}
```

(5)在 btnAdd 按钮的 Click 事件中添加如下代码,实现得到用户输入的信息,并插入数据库。

```
1	private void btnAdd_Click(object sender, EventArgs e)
2	{
3		string name = this.txtName.Text;
4		int sex = 1;
5		if(radFemale.Checked)
6		{
7			sex = 0;
8		}
9		string phone = this.txtPhone.Text.Trim();
10		DateTime birthday = this.dtpBirthday.Value;
11		string company = this.cboComplany.Text.Trim();
12		string job = this.lstJob.Text.Trim();
13		//进行数据验证,代码省略
14		//向数据库插入数据
15		string connectionString ="server=.;database=customerDB;
16				uid=sa;pwd=123456;";
```

```
17          //得到连接
18          SqlConnection conn = new SqlConnection(connectionString);
19          string sql = string.Format("insert into customerInfo
20                  values('{0}','{1}','{2}','{3}','{4}','{5}')", name, sex
21                  , birthday, phone, company, job);
22          SqlCommand cmd = new SqlCommand(sql, conn);
23          conn.Open();//打开连接
24          //执行命令,得到影响数据库的行数
25          int rowCount = cmd.ExecuteNonQuery();
26          conn.Close();
27          //如果影响数据库的行数大于 0,说明操作成功
28          if(rowCount > 0)
29          {
30              MessageBox.Show("添加客户信息成功.");
31              //调用重置按钮的 Click 事件处理方法
32              this.btnReset_Click(sender, e);
33          }
34          else
35          {
36              MessageBox.Show("插入失败.");
37          }
38      }
```

(6)运行程序,输入数据,单击“添加”按钮。

第 2 阶段　练　习

练习 1　删除客户信息

问题

使用指导 1 的数据库与表,新建一个 Windows 应用程序。查询出所有客户,并在 ListBox 上显示客户的姓名。选择一个客户,单击删除按钮从数据库中删除这个客户(根据主键删除),再刷新 ListBox 的数据。

练习 2　实现简单计算器

问题

新建一个 Windows 应用程序,实现一个简单计算器。在两个文本框中输入两个数,根据选择的组合框中不同的运算符,打印出表达式和结果。窗体设计视图如图上机 1.3 所示。

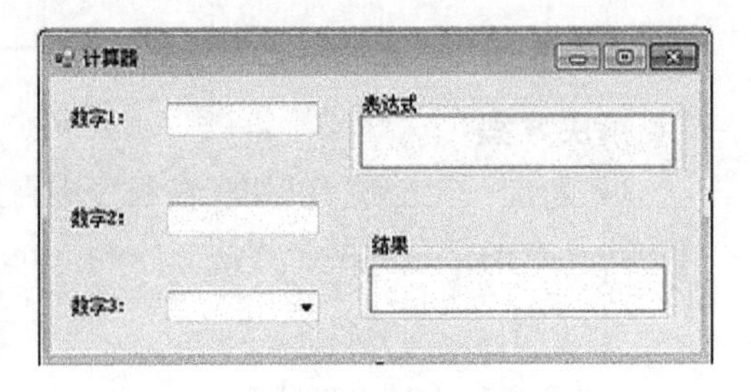

图上机 1.3　简单计算机设计视图

上机 2　封　装

上机任务

任务 1　封装一个计算机信息类
任务 2　实现猜拳小游戏
任务 3　封装手机信息
任务 4　显示日期

第 1 阶段　指　导

指导 1　封装一个计算机信息类

完成本任务所用到的主要知识点：

- 类的封装，类的声明。
- 类的成员声明及访问。
- 对象的创建和使用。
- 方法的声明和调用。

问题

封装一个计算机信息类，该类封装的计算机基本信息见表上机 2-1。为该类定义两个方法：一个用于显示基本信息，一个用于播放文件。

表上机 2-1　计算机类的基本信息

型号	CPU	频率	内存	硬盘	屏幕	显卡	重量	价格
联想 ThinkPad	Intel 奔腾双核	2GHz	1GB	160GB	14.1 英寸 TFT LCD	NVIDIA Quadro NVS 140M	2.36kg	￥6 200

解决方案

(1)新建一个控制台程序，在程序中自定义一个计算机信息类 Computer，这类应包含计算机基本的信息和两个方法。Computer 类的代码如下：

```
1    //自定义计算机信息类
2    public class Computer
3    {
```

```
4          //定义计算机的信息
5          public string name;//名称
6          public string CPU;//CPU
7          public float frequency;//频率
8          public float memory;//内存单位为 G
9          public float HD;//硬盘
10         public string screen;//屏幕
11         public float weight;//重量
12         public float price;//价格
13         //定义计算机的基本功能(方法)
14         public void Play()
15         {
16             Console.WriteLine("\\n 调用了计算机播放文件的方法");
17         }
18         //显示信息的方法
19         public void DisplayInfo()
20         {
21             Console.WriteLine("调用了计算机显示信息的方法,基本信息如下:\\n");
22             Console.WriteLine("名称:{0}",name);
23             Console.WriteLine("CPU:{0}",CPU);
24             Console.WriteLine("频率:{0}GHz",frequency);
25             Console.WriteLine("内存:{0}G",memory);
26             Console.WriteLine("硬盘:{0}G",HD);
27             Console.WriteLine("屏幕:{0}",screen);
28             Console.WriteLine("重量:{0}kg",weight);
29             Console.WriteLine("价格:{0}元",price);
30         }
31     }
```

(2)编写一个测试类 Test,创建 Computer 类的实例,并通过这个实例访问字段和调用方法,Test 类的代码如下:

```
1  class Test
2  {
3      static void Main(string[] args)
4      {
5          //创建计算机类的实例,pc
6          Computer pc = new Computer();
7          //通过对象访问类的字段,设置信息
8          pc.CPU ="Intel 奔腾双核 T2410";
9          pc.name ="联想 ThinkPad R61i(7742BFC)";
10         pc.frequency = 2;
11         pc.memory = 1;
```

```
12                pc.HD = 160;
13                pc.screen ="14.1 英寸 TFT LCD (1280 * 800)";
14                pc.weight = 2.3f;
15                pc.price = 6200;
16                pc.DisplayInfo();//调用 DisplayInfo 的方法
17                pc.Play();//调用 Play 方法
18            }
19        }
```

(3)运行程序,输出结果如下所示。

```
调用了计算机显示信息的方法,基本信息如下:
类型:PC
名称:联想 ThinkPad R61i(7742BFC)
CPU:Intel 奔腾双核 T2410
频率:2GHz
内存:1G
硬盘:160G
屏幕:14.1 英寸 TFT LCD(1280 * 800)
重量:2.3kg
价格:6200 元
调用了计算机播放文件的方法
```

指导 2 实现猜拳小游戏

完成本任务所用到的主要知识点:

- 方法的调用。
- 类的封装。

问题

用面向对象的编程思想实现现实生活中所玩的猜拳游戏。

分析

在现实生活中,多是由两个人完成猜拳游戏,相互约定规则。在程序中,人则是和机器打交道,可以产生一个用户的角色和一个计算机的角色。先定义一个用户类和一个计算机类,类中包含用户名(计算机名)、积分和出拳的方法。再创建一个游戏的控制器的类,负责控制游戏各角色的初始化、开始游戏、判断胜负以及显示最后结果的操作。

解决方案

(1)定义一个用户类,包含用户名、积分和出拳方法,代码如下:

```
1    ///<summary>
2    ///创建用户类
3    ///</summary>
4    public class User
```

```
5   {
6       string _name="匿名";
7       ///<summary>
8       ///用户名
9       ///</summary>
10       public string Name
11       {
12           get { return _name; }
13           set { _name = value; }
14       }
15       int _score=0;
16       ///<summary>
17       ///积分
18       ///</summary>
19       public int Score
20       {
21           get { return _score; }
22           set { _score = value; }
23       }
24       ///<summary>
25       ///用户出拳
26       ///</summary>
27       ///<returns></returns>
28       public int Fist()
29       {
30           Console.Write("\\n\\t\\t请出拳:");
31           int f = int.Parse(Console.ReadLine());
32           switch(f)
33           {
34               case 1:
35                   Console.WriteLine("\\n\\t\\t用户【{0}】出拳:石头",_name);
36                   break;
37               case 2:
38                   Console.WriteLine("\\n\\t\\t用户【{0}】出拳:剪刀",_name);
39                   break;
40           case 3:
41               Console.WriteLine("\\n\\t\\t用户【{0}】出拳:布",_name);
42               break;
43           }
44           return f;
45       }
46   }
```

(2)定义一个计算机类,包括计算机名、积分和出拳方法,代码如下:

```
1    ///<summary>
2    ///计算机操作类
3    ///</summary>
4    public class Computer
5    {
6        private string _name="匿名";
7        public string Name
8        {
9            get { return _name; }
10            set { _name = value; }
11        }
12        private int _score=0;
13        public int Score
14        {
15            get { return _score; }
16            set { _score = value; }
17        }
18        ///<summary>
19        ///电脑出拳
20        ///</summary>
21        ///<returns></returns>
22        public int Fist()
23        {
24            Random r = new Random();
25            //产生 1-3 之间的随机数
26            int f = r.Next(1,4);
27            switch(f)
28            {
29                case 1:
30                    Console.WriteLine("\\n\\t\\t 电脑【{0}】出拳:石头",_name);
31                    break;
32                case 2:
33                    Console.WriteLine("\\n\\t\\t 电脑【{0}】出拳:剪刀",_name);
34                    break;
35                case 3:
36                    Console.WriteLine("\\n\\t\\t 电脑【{0}】出拳:布",_name);
37                    break;
38            }
39            return f;
40        }
41    }
```

(3)创建一个游戏的控制器的类，代码如下：

```
1    public class Game
2    {
3        User _u;
4        Computer _c;
5        int count=0;
6        //数据初始化
7        public void Init()
8        {
9            _u = new User();
10           _c = new Computer();
11           count = 0;
12           //调用用户界面初始化
13           DisplayInit();
14       }
15       //界面初始化
16       private void DisplayInit()
17       {
18           Console.WriteLine("\\n\\n\\n");
19           Console.WriteLine("\\t\\t\\t\\t**************************
20               ************************\\n");
21           Console.WriteLine("\\t\\t\\t\\t*\\t\\t\\t\\t\\t\\t*\\n");
22           Console.WriteLine("\\t\\t\\t\\t*\\t\\t猜拳游戏\\t\\t*\\n");
23           Console.WriteLine("\\t\\t\\t\\t*\\t\\t\\t\\t\\t\\t\\*\\n");
24           Console.WriteLine("\\t\\t\\t\\t**************************
25               ************************\\n");
26           Console.WriteLine("\\n\\t\\t【游戏规则】:");
27           Console.WriteLine("\\n\\t\\t1、角色自定,局数自定;");
28           Console.WriteLine("\\n\\t\\t2、用1、2、3三个数分别代表石头、剪刀和布;");
29           //调用开始游戏
30           Start();
31       }
32       //开始游戏方法
33       private void Start()
34       {
35           string answer="no";
36           do
37           {
38               Console.Write("\\n\\t\\t请输入比赛局数:");
39               Count = int.Parse(Console.ReadLine());
40               Console.Write("\\n\\t\\t请输入角色名称:");
```

```
41                  _u.Name = Console.ReadLine();
42                  _u.Score = 0;
43                  _c.Score = 0;
44                  for(int i = 0;i<count;i++)
45                  {
46                      int user =_u.Fist();//用户出拳
47                      int computer=_c.Fist();//电脑出拳
48                      //调用判断方法
49                      Judge(user,computer);
50                  }
51                  //调用最后判断结果的方法
52                  DisResult();
53                  Console.Write("\\n\\t\\t是否继续游戏?(yes/no):");
54                  answer = Console.ReadLine();
55              }while(answer.ToLower().Equals("yes"));
56          }
57          //判断每次比赛胜负
58          private void Judge(int u,int c)
59          {
60              if(u == c)
61              {
62                  Console.WriteLine("\\n\\t\\t本次比赛平局.");
63              }
64              else if(u == 1 && c == 2) || (u == 2 && c == 3)
65                   ||(u == 3 && c == 1 ))
66              {
67                  Console.WriteLine("\\n\\t\\t本次比赛用户【{0}】战胜电脑【{1}】",
68                          _u.Name,_c.Name);
69                  _u.Score++;
70              }
71              else
72              {
73                  Console.WriteLine("\\n\\t\\t本次比赛用户【{0}】战胜电脑【{1}】",
74                          _u.Name,_c.Name);
75                  _c.Score++;
76              }
77          }
78          //显示最后结果
79          private void DisResult()
80          {
81              Console.WriteLine("\\n\\n");
82              Console.WriteLine("\\n\\t\\t一共进行了【{0}】次比赛.\\n",count);
```

```
83              Console.WriteLine("\\n\\t\\t用户胜{0}次,输{1}次,平{2}次.\\n",
84                      _u.Score,_c.Score,count-_u.Score-_c.Score);
85              Console.WriteLine("\\n\\t\\t电脑胜{0}次,输{1}次,平{2}次.\\n",
86                      _c.Score,_u.Score, count - _u.Score - _c.Score);
87              if(_c.Score == _u.Score)
88              {
89                  Console.WriteLine("\\n\\t\\t大家旗鼓相当,彼此彼此.");
90              }
91              else if(_c.Score > _u.Score)
92              {
93                  Console.WriteLine("\\n\\t\\t被电脑【{0}】打败了,好不服气啊!",
94                      _c.Name);
95              }
96              else
97              {
98                  Console.WriteLine("\\n\\t\\t呵呵,我【{0}】天下无敌!",_uName);
99              }
100         }
101     }
```

(4)创建测试类,代码如下。

```
1   class Program
2   {
3       //主程序入口
4       static void Main(string[] args)
5       {
6           Game g = new Game();
7           g.Init();
8       }
9   }
```

(5)调用方法并输出结果,如图上机 2.1 所示。

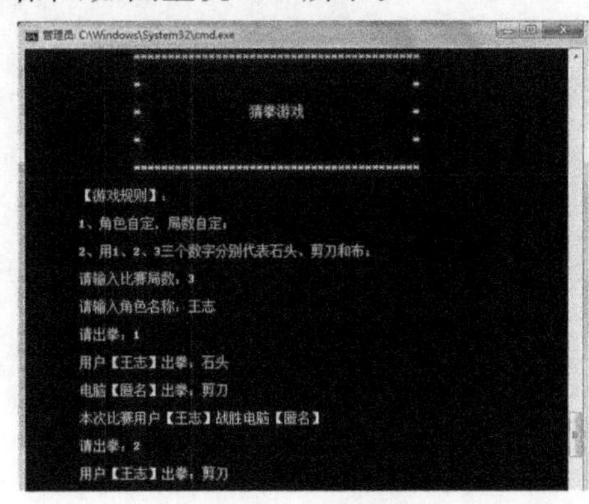

图上机 2.1 猜拳游戏

第 2 阶段　练　习

练习 1　封装手机信息

问题

封装一个手机类,这个类包含手机的基本信息(品牌,型号,价格,颜色等)。定义一个显示手机信息的方法。编写一个测试类,实现设置信息和显示信息的方法。

练习 2　显示日期

问题

定义一个日期类,给出今天的日期,确定明天的日期,用方法封装相关算法。

上机 3　类的构造函数

上机任务

任务 1　使用不同构造函数创建学生对象

任务 2　统计页面访问次数

任务 3　使用不同构造函数创建图书对象

任务 4　统计书吧的阅读人次

第 1 阶段　指　导

指导 1　使用不同构造函数创建学生对象

完成本任务所用到的主要知识点：

- 构造函数的声明。
- 构造函数的重载。
- this 关键字的使用。
- 构造函数调用本类构造函数。

问题

创建一个学生类 Student，包含私有字段（学号，姓名，年龄，性别，班级），定义 4 个构造函数用于初始化字段。

提示

构造函数调用本类的构造函数时需要使用 this 关键字，语法如下所示。

```
1    public Student(int no, string name, int age):this(no, name)
2    {
3    }
```

解决方案

(1)新建一个控制台程序，定义一个 Student，代码如下：

```
1    public class Student
2    {
3         private int _no;              //编号
4         private string _name;         //姓名
5         private int _age;             //年龄
6         private string _sex;          //性别
```

```
7           private string _cls;            //班级
8           //定义构造函数
9           public Student(int no, string name, int age, string sex, string cls)
10                : this(no, name, age, sex)//调用 4 个参数的构造函数
11            {
12                Console.WriteLine("调用了 5 个参数的构造函数");
13                this._cls = cls;
14            }
15            public Student(int no, string name, int age, string sex)
16                : this(no, name, age)//调用 3 个参数的构造函数
17            {
18                Console.WriteLine("调用了 4 个参数的构造函数");
19                this._sex = sex;
20            }
21            public Student(int no, string name, int age)
22                : this(no, name)//调用 2 个参数的构造函数
23            {
24                Console.WriteLine("调用了 3 个参数的构造函数");
25                this._age = age;
26            }
27            public Student(int no, string name)
28            {
29                Console.WriteLine("调用了 2 个参数的构造函数");
30                this._no = no;
31                this._name = name;
32                this._sex ="男";
33                this._age = 17;
34                this._cls ="高三 1 班";
35            }
36            public void DisplayInfo()
37            {
38                //输出学员信息
39                Console.WriteLine("学号:{0}\\t 姓名:{1}\\t 年龄:{2}\\t 性别:{3}
40            \\t 班级:{4}", this._no, this._name, this._age, this._sex, this._cls);
41            }
42      }
```

(2)定义一个测试类:

```
1     class Test
2     {
3           static void Main(string[] args)
4           {
5                 Student stu1 = new Student(1,"吴阳");
```

```
6               stu1.DisplayInfo();
7               Student stu2 = new Student(2,"王明",19);
8               stu2.DisplayInfo();
9               Student stu3 = new Student(3,"王晓丽",18,"女");
10              stu3.DisplayInfo();
11              Student stu4 = new Student(4,"陈小佳",18,"女","高三 2 班");
12              stu4.DisplayInfo();
13              Console.Read();
14          }
15      }
```

(3)输出结果：

```
调用了 2 个参数的构造函数
学号:1 姓名:吴阳      年龄:17      性别:男      班级:高三 1 班
调用了 2 个参数的构造函数
调用了 3 个参数的构造函数
学号:2 姓名:王明      年龄:19      性别:男      班级:高三 1 班
调用了 2 个参数的构造函数
调用了 3 个参数的构造函数
调用了 4 个参数的构造函数
学号:3 姓名:王晓丽    年龄:18      性别:女      班级:高三 1 班
调用了 2 个参数的构造函数
调用了 3 个参数的构造函数
调用了 4 个参数的构造函数
调用了 5 个参数的构造函数
学号:4 姓名:陈小佳    年龄:18      性别:女      班级:高三 2 班
```

指导 2　统计页面访问次数

完成本任务所用到的主要知识点：

- 静态字段的定义。
- 静态属性的定义。
- 使用属性访问私有字段。
- get 和 set 访问器的使用。

问题

定义一个页面类 WebPage，包含：静态字段、页面标题、访问次数；一个非静态的用来表示来访者 IP 的字段；一个访问页面的方法，参数为来访者 IP，用以实现访问次数统计，以及页面标题和来访者 IP 的输出提示。

解决方案

(1)新建一个控制台程序，声明一个 WebPage 类，代码如下：

```
1     //定义一个网页类
2     public class WebPage
3     {
4         //定义一个静态的字段用来存储被访问的网页标题
5         public static string title="SEC认证";
6         //网页访问次数
7         public static int accessCount=0;
8         //每次访问的IP
9         private string IP;
10         //定义访问的方法
11         public void Accessing(string IP)//传入来访IP
12         {
13             this.IP=IP;设置来访的IP
14             accessCount++;//每访问一次访问次数加1
15             Console.WriteLine("欢迎{0}访问{1},您是第{2}个访问者.",
16                        this.IP, title, accessCount);
17         }
18     }
```

(2)定义一个测试类Test测试WebPage中的方法和属性,代码如下:

```
1     class Test
2     {
3         static void Main(string[] args)
4         {
5             WebPage page1 = new WebPage();
6             page1.Accessing("165.195.56.5");
7             page1.Accessing("165.195.56.5");
8
9             WebPage page2 = new WebPage();
10             page2.Accessing("165.195.10.145");
11
12             WebPage.title ="SEC";//修改标题
13
14             WebPage page3 = new WebPage();
15             page3.Accessing("165.195.10.45");
16
17             WebPage page4 = new WebPage();
18             page4.Accessing("165.195.20.45");
19
20             page1.Accessing("165.195.56.5");//再用page1实例访问
21             Console.WriteLine("页面被访问了{0}次.",WebPage.accessCount);
22         }
23     }
```

(3)运行程序输出如下：

```
欢迎165.195.56.5访问SEC认证,您是第1个访问者.
欢迎165.195.56.5访问SEC认证,您是第2个访问者.
欢迎165.195.10.145访问SEC认证,您是第3个访问者.
欢迎165.195.10.45访问SEC认证,您是第4个访问者.
欢迎165.195.20.45访问SEC认证,您是第5个访问者.
欢迎165.195.56.5访问SEC认证,您是第6个访问者.
页面被访问了6次.
```

第2阶段　练　习

练习1　使用不同构造函数创建图书对象

问题

声明一个图书类Book,类中封装编号、书名、作者、价格、出版社等信息,重载4个构造函数来初始化这些信息(要求在调用任何一个构造函数时,都能初始化所有字段),再定义显示信息的方法用于显示所有信息。在测试类中使用不同的构造函数创建对象,并调用显示信息的方法。

练习2　统计书吧的阅读人次

问题

模拟一个网上书吧对图书阅读次数的统计。在练习1的图书类中声明一个静态字段(readCount,用于统计阅读的人次),在类中定义一个阅读的方法(非静态的),方法主要实现readCount的自增,并输出readCount的值。在测试类中创建多个对象,并调用阅读的方法。运行程序,查看统计是否正确。

上机 4　C# 基本数据类型

上机任务

任务 1　使用属性封装个人信息
任务 2　定义并使用朋友结构
任务 3　计算机播放不同的文件
任务 4　仙人指路
任务 5　定义并使用员工结构
任务 6　手机发送信息

第 1 阶段　指　导

指导 1　使用属性封装个人信息

完成本任务所用到的主要知识点：

- 属性的定义和访问。
- 类成员的访问修饰符。
- 使用属性访问私有字段。
- get 和 set 访问器的使用。
- 枚举的定义和使用。

问题

使用枚举表示两种性别。封装一个个人信息类，包含个人的基本信息（姓名，性别，年龄，工资，奖金等），并通过属性来访问这些信息，属性为可读可写的。再定义一个属性用于返回收入（收入 = 工资 + 奖金）。

解决方案

（1）新建一个控制台程序，定义一个枚举类型 SexEnum，SexEnum 的定义代码如下：

```
1    //定义一个枚举类型，表示男女两种性别
2    public enum SexEnum {Male, Female}
```

（2）定义个人信息类 PersonInfo。PersonInfo 类的定义代码如下：

```
1    //定义一个枚举类型，表示男女两种性别
2    public class PersonInfo
3    {
4        //定义私有字段
```

```
5          private string _name;
6          private SexEnum _sex;//性别使用枚举类型
7          private int _age;
8          private float _pay;//每月工资
9          private float _bonus;//每月奖金
10
11          //将以上私有字段,封装为可读可写的属性
12          public string Name
13          {
14              get { return _name; }
15              set { _name = value; }
16          }
17
18          public SexEnum Sex
19          {
20              get { return _sex; }
21              set { _sex = value; }
22          }
23
24          public string Age
25          {
26              get { return _age; }
27              set { _age = value; }
28          }
29
30          public float Pay
31          {
32              get { return _pay; }
33              set { _pay = value; }
34          }
35
36          public float Bonus
37          {
38              get { return _bonus; }
39              set { _bonus = value; }
40          }
41
42          /*定义一个只读的属性:Earning(收入)
43           *用户计算并返回收入(收入=工资+奖金)
44           */
45          public float Earning
46          {
```

```
47              //定义一个 get 访问器,返回计算后的收入
48              get { return _bonus + _pay; }
49          }
50      }
```

(3)定义一个测试类 Test,代码如下:

```
1   class Test
2   {
3       static void Main(string[] args)
4       {
5           //创建个人信息实例
6           PersonInfo p = new PersonInfo();
7           //访问属性,设置信息
8           p.Name ="weiping.lu";
9           //给枚举变量赋值
10           p.Sex = SexEnum.Male;
11           p.Age = 30;
12           p.Pay = 2400;
13           P.Bonus = 1620;
14
15           //打印个人信息
16           Console.WriteLine("姓名:{0}", p.Name);
17           Console.WriteLine("性别:{0}", p.Sex);
18           Console.WriteLine("年龄:{0}", p.Age);
19           Console.WriteLine("工资:{0}", p.Pay);
20           Console.WriteLine("奖金:{0}", p.Bonus);
21           Console.WriteLine("总收入:{0}", p.Earning);
22       }
23   }
```

输出结果:

```
姓名:weiping.lu
性别:Male
年龄:30
工资:2400
奖金:1620
总收入:4020
```

指导 2　定义并使用朋友结构

完成本任务所用到的主要知识点:

- 结构的定义。
- 结构对象的声明。
- 结构成员的访问。
- 结构方法的重载。

问题

定义一个结构 Friend，包含一个姓名字段，把姓名字段封装成姓名属性。再定义两个“问候”方法：一个无参数，一个有参数(向谁问好)。

解决方案

(1)新建一个控制台程序，定义一个结构 Friend，代码如下：

```
1    struct Friend
2    {
3        private string _name;
4        public string Name
5        {
6            get { return _name; }
7            set { _name = value; }
8        }
9        //一个问好的方法
10        public void SayHi()
11        {
12            Console.WriteLine("朋友{0}对你说 Hello.",this._name);
13        }
14        //一个重载的问好的方法
15        public void SayHi(string myName)
16        {
17            Console.WriteLine("朋友{0}对{1}说 Hello.",_name,myName);
18        }
19    }
```

(2)测试我们定义的结构。

```
1    class Program
2    {
3        static void Main(string[] args)
4        {
5            Friend f1 = new Friend();
6            f1.Name ="张三";
7            f1.SayHi();
8            Friend f2 = new Friend();
9            f2.Name ="李四";
10            f2.SayHi();
11            f2.SayHi("赵六");
```

```
12         }
13     }
```

(3)运行程序,输出如下:

```
朋友张三对你说 Hello.
朋友李四对你说 Hello.
朋友李四对赵六说 Hello.
```

指导 3　计算机播放不同的文件

完成本任务所用到的主要知识点:

- 方法的调用。
- 方法参数的传递。
- ref 参数的使用。
- out 参数的使用。
- params 参数的使用。

问题

定义一个计算机类,这个类应包含播放文件的方法,可以指定播放类型,也可以不指定播放类型。再为这个类定义一个帮助的方法,提示用户计算机可以播放的文件类型。可以提示一个,也可以提示多个。类中还应包含文件转换的方法,可以指定被转换的类型,并能在调用方法后得到是否成功的提示信息。还可以指定被转换的类型和要转换成的类型,但需要在调用方法后查看源类型是否转换成功。

分析

播放文件的方法可以有文件类型,也可以没有文件类型。声明一个无参数的方法播放无文件类型,同时声明以播放的文件类型为参数的方法。

```
public void Play(){}
public void PlayMore(string fileType){}
```

帮助方法提示可播放的文件类型,可以提示单个或多个,这里可以想到使用 params 数组参数。

```
public void Help(params string[] fileTypes){}
```

转换文件的方法 1,要求传入一个被转换的类型,方法调用后显示是否成功。可以为方法指定一个 out 参数,在方法体内为 out 参数赋值。在调用后,打印这个参数即可。

```
public void Transform(string fileType, out string message)
{
    //设置 message 的值
}
```

转换文件的方法 2 的实现可以将第一个被转换的类型以 ref 标示,在方法体内将目标类型赋值给这个参数即可。调用方法后，打印源类型，查看是否变化。

```
1    public void Transform(ref string scoureFileType, string targetFileType)
2    {
3        scoureFileType = targetFileType;
4    }
```

解决方案

(1)定义一个类，包含问题中提到的方法，代码如下：

```
1    //自定义的一个计算机类
2    public class Computer
3    {
4        //帮助方法，打印可以播放的文件
5        public void Help(params string[] fileTypes)
6        {
7          Console.WriteLine("计算机可以播放的文件类型有:");
8            foreach(string fileType in fileTypes)
9            {
10                Console.Write("\\t{0}", fileType);
11           }
12       }
13       //定义计算机无参数的播放文件的方法
14       public void Play()
15       {
16           Console.WriteLine("调用了计算机播放文件的方法");
17       }
18       //定义计算机有参数的播放文件的方法
19       public void PlayMore(string fileType)
20       {
21           Console.WriteLine("调用了计算机播放{0}文件的方法.", fileType);
22       }
23       //使用 out 参数
24       public void Transform(string fileType, out string message)
25       {
26           Console.WriteLine("调用了计算机转化{0}文件的方法", fileType);
27           Message ="转换成功";//为 out 参数赋值
28       }
29       //使用 ref 参数
30       public void Transform(ref string scoureFileType,
31           string targetFileType)
32       {
33           Console.WriteLine("调用了计算机将{0}转化为{1}文件的方法",
34                   scoureFileType, targetFileType);
```

```
35                //进行转化
36                scoureFileType = targetFileType;
37            }
38        }
```

(2)编写一个测试类 Test,在类中创建 Computer 的实例,调用 Computer 中所有的方法,代码如下:

```
1     class Test
2     {
3         static void Main(string[] args)
4         {
5             //创建计算机类的实例,pc
6             Computer pc = new Computer();
7             //调用无参的 Play 方法
8             pc.Play();
9             Console.WriteLine("---------------------");
10            //调用有参的 PlayMore 方法
11            pc.PlayMore(".wma");
12            Console.WriteLine("---------------------");
13            //帮助的方法
14            pc.Help(".avi");//传递单个参数
15            Console.WriteLine("\\n-------------------");
16            string[] fileTypes = new string[]{".wma","mp3","rm","rmvb"};
17            pc.Help(fileTypes);//传递一个数组
18            Console.WriteLine("\\n-------------------");
19            //文件转化的方法
20            string fileType =".jpg";
21            string message;
22            pc.Transform(fileType,out message);
23            //打印 out 参数
24            Console.WriteLine("转化提示:{0}",message);
25            Console.WriteLine("---------------------");
26            //源类型,被转化的类型
27            string scoureFileType =".txt";
28            //目标类型,转化成什么类型
29            string targetFileType =".doc";
30            pc.Transform(ref scoureFileType,targetFileType);
31            //打印 ref 参数
32            Console.WriteLine("被转化的文件变成了{0}类型",scoureFileType);
33            Console.WriteLine("---------------------");
34        }
35    }
```

(3)输出结果：

```
调用了计算机播放文件的方法
------------------------------------
调用了计算机播放文件.wma 文件的方法。
------------------------------------
计算机可以播放的文件类型有：
.wma      mp3      rm      rmvb
------------------------------------
调用了计算机转化.jpg 文件的方法
转化提示：转换成功
------------------------------------
调用了计算机将.txt 转化为.doc 文件的方法
被转化的文件变成了.doc 类型
------------------------------------
```

第 2 阶段　练　习

练习 1　仙人指路

问题

定义一个枚举，包含东南西北四个方向。当迷路时，系统提示应该向哪个方向前进。运行效果如下：

```
我迷路了，请问怎么走？
向北走！
```

练习 2　定义并使用员工结构

问题

定义一个结构 EmpStruct，结构中包含指导 1 的员工类的所有成员，并定义一个员工上班的方法。编写一个测试类，创建结构实例，设置信息、输出信息并调用上班的方法。

练习 3　手机发送信息

问题

为上机 2 练习 1 中定义的手机类定义一个发信息的方法，要求可以对一个用户发送和对多个用户发送(用 params 实现)，并用一个 out 参数 message 表示是否发送成功。在测试类中测试单发和群发的方法，并提示 message 信息。

上机 5　继承与多态

上机任务

任务 1　实现轿车和汽车间的继承
任务 2　实现汽车的多态
任务 3　实现软件工程师和工程师之间的继承
任务 4　实现工程师的多态

第 1 阶段　指　导

指导 1　实现轿车和汽车间的继承

完成本任务所用到的主要知识点：

- 类的继承。
- 继承的基本原则。
- 继承属性的访问。
- 默认调用父类构造函数。

问题

新建一个控制台程序，使用汽车类 Auto 和轿车类 Car 两个类来实现类的继承。Auto 类包含颜色、名称等属性。Car 类继承自 Auto 类，并定义一个可载人数的属性。在 Car 类的构造函数中初始化所有属性（自身属性和继承的属性）。在测试类中创建 Car 类实例，并输出所有属性的值。

解决方案

(1)新建一个控制台程序，定义一个汽车类 Auto，代码如下：

```
1    //定义一个汽车类
2    public class Auto
3    {
4        private string _color;//汽车的颜色
5        private string _name;//汽车名称
6        public string Color
7        {
8            get { return _color; }
9            set { _color = value; }
10       }
```

```
11          public string Name
12          {
13              get { return _name; }
14              set { _name = value; }
15          }
16          public Auto(string color, string name)
17          {
18              Console.WriteLine("父类有两个参数的构造函数");
19              this._color = color;
20              this._name = name;
21          }
22          public Auto()
23          {
24              Console.WriteLine("父类无参构造函数");
25          }
26      }
```

(2)声明一个轿车类 Car,继承自汽车类,在构造函数中初始化属性,代码如下:

```
1   //声明一个小轿车类,继承汽车类
2   public class Car : Auto
3   {
4       //可载人的数量
5       private int _num;
6       //封装属性
7       public int Num
8       {
9           get { return _num; }
10          set { _num = value; }
11      }
12      //轿车的构造函数
13      public Car(string color, string name, int num)
14      {
15          Console.WriteLine("轿车类构造函数");
16          this._num = num;
17          //访问从 Auto 继承的 Color 属性
18          this.Color = color;
19          //访问从 Auto 继承的 Name 属性
20          this.Name = name;
21      }
22  }
```

(3)编写一个测试类,创建 Car 的实例,并打印属性,代码如下:

```
1    Class Test
2    {
3        Static void Main(string[] args)
4        {
5            Car car = new Car("白","捷达",5);
6            //打印信息
7            Console.WriteLine("这是一辆可载{0}人的{1}色{2}轿车.",
8                car.Num,car.Color,car.Name);
9        }
10   }
```

输出结果：

```
父类无参构造函数
轿车类构造函数
这是一辆可载 5 人的白色捷达轿车
```

指导 2　实现汽车的多态

完成本任务所用到的主要知识点：

- 虚方法的定义。
- 重写虚方法。
- 使用 base 关键字调用父类的方法。
- 显示调用父类的构造函数。

问题

为指导 1 的汽车类 Auto 创建一个虚方法 About 用于输出汽车的基本信息，在 Car 类中重写这个方法，输出轿车的基本信息。汽车类 Auto 再派生一个卡车类 Truck。在 Truck 类中定义一个表示载重的属性，定义构造函数初始化属性(继承属性和自身属性)，并重写 Auto 的 About 方法，输出卡车信息。

解决方案

(1)为指导 1 中的 Auto 类添加一个虚方法 About，代码如下：

```
1    public virtual void About()
2    {
3        Console.WriteLine("这是一辆{0}色的{1}汽车.",this._color,this._name);
4    }
```

(2)在 Car 中重写 Auto 的 About( )方法，代码如下：

```
1    //重写父类的 About 方法
2    public override void About()
3    {
4        base.About();//调用父类的方法
```

```
5       Console.WriteLine("这是一辆可载{0}人的{1}色{2}轿车.",
6               this.Num, this.Color, this.Name);//输出轿车基本信息
7   }
```

(3)定义一个 Auto 的派生类，代码如下：

```
1   //定义一个卡车类，继承汽车类
2   public class Truck:Auto
3   {
4       private int _load;//载重
5       public int Load
6       {
7           get { return _load; }
8           set { _load = value; }
9       }
10      //卡车类的构造函数.使用 base 显示调用父类有参构造函数
11      public Truck(string color, string name, int load)
12          :base(color, name)
13      {
14          this._load = load;
15      }
16      //重写父类的方法
17      public override void About()
18      {
19          base.About();//调用父类的方法
20          Console.WriteLine("这是一辆载重{0}吨的{1}色{2}卡车.",
21              this._load, this.Color, this.Name);
22      }
23  }
```

(4)编写一个测试类，测试是否实现了多态。

```
1   class Test
2   {
3       static void Main(string[] args)
4       {
5           Car car = new Car("白","捷达",5);
6           car.About();
7           Truck tk = new Truck("蓝","解放",12);
8           tk.About();
9       }
10  }
```

输出结果：

```
父类无参构造函数
轿车类构造函数
这是一辆白色的捷达汽车。
这是一辆可载 5 人的白色捷达汽车。
父类有两个参数的构造函数
这是一辆蓝色的解放汽车。
这是一辆载重 12 吨的蓝色解放卡车。
```

说明

显示调用父类的构造函数或调用普通方法都用 base 关键字，不过语法略有区别，如以上程序所示。

第 2 阶段　练　习

练习 1　实现软件工程师和工程师之间的继承

问题

使用工程师与软件工程师两个类实现类的继承。要求工程师类中包含基本信息(性别，年龄，姓名等)，软件工程师类继承工程师类。软件工程师类中具有表示擅长的软件技术的属性。

练习 2　实现工程师的多态

问题

为练习 1 的工程师类添加一个表示工作的方法，软件工程师类重写这个方法，在重写的方法实现之前先执行工程师工作的方法。再定义一个土木工程师类，继承工程师类并重写工作方法。

注意

每个类都要提供详细的构造函数。

上机 6　C♯中抽象类与接口

上机任务

任务 1　实现不同动物的呼吸方法

任务 2　定义并实现辅食、跑和游的接口

任务 3　实现不同学生的学习方法

第 1 阶段　指　导

指导 1　实现不同动物的呼吸方法

完成本任务所用到的主要知识点：

- 抽象类的定义。
- 抽象方法的定义。
- 继承抽象类。
- 重写抽象方法。

问题

编写一个 C♯程序，定义一个抽象的动物类，其中包含一个抽象的呼吸方法。从动物类派生出老虎和鲨鱼两个子类，重写呼吸的方法。创建老虎和鲨鱼实例，测试呼吸方法。

解决方案

(1)新建一个控制台程序，定义一个动物类 Animal，代码如下：

```
1    //定义一个抽象的动物类
2    public abstract class Animal
3    {
4        //定义一个抽象的呼吸方法
5        public abstract void Breathe();
6    }
```

(2)从动物类派生两个子类(老虎类和鲨鱼类)，代码如下：

```
1    //老虎类
2    public class Tiger : Animal
3    {
4        //重写呼吸的方法
5        public override void Breathe()
```

```
6           {
7               Console.WriteLine("老虎在陆地上呼吸");
8           }
9       }
10      //鲨鱼类
11      public class Shark : Animal
12      {
13          //重写呼吸的方法
14          public override void Breathe()
15          {
16              Console.WriteLine("鲨鱼在海洋里呼吸");
17          }
18      }
```

(3)编写一个测试类,创建老虎类和鲨鱼类实例,调用呼吸方法。

```
1   class Test
2   {
3       static void Main(string[] args)
4       {
5           Tiger t = new Tiger();
6           t.Breathe();
7           Shark s = new Shark();
8           s.Breaths();
9       }
10  }
```

输出结果:

```
老虎在陆地上呼吸
鲨鱼在海洋里呼吸
```

指导 2 定义并实现捕食、跑和游的接口

完成本任务所用到的主要知识点:

- 接口的定义。
- 接口方法的定义。
- 接口的多重继承。
- 接口的实现。

问题

指导 1 中定义的老虎类与鲨鱼类,都继承了动物类,并重写了动物类的抽象方法。无论在现实生活还是在程序实现中这都是有局限的,因为老虎和鲨鱼都不仅仅只有呼吸的方法,还有很多其他的方法。这些方法有些是老虎有的而鲨鱼没有的,有些是老虎和鲨鱼

都有的。

修改指导 1 的程序，定义一个包含捕食方法的接口，定义一个包含跑方法的接口，再定义一个包含游方法的接口。老虎类实现捕食和跑的接口，鲨鱼类实现捕食和游的接口。重写接口的方法。

解决方案

(1)在指导 1 的程序中再定义 3 个接口。

```
1    //定义一个提供捕食的接口
2    public interface IPrey
3    {
4        void Prey();
5    }
6    //定义一个提供跑方法的接口
7    public interface IRun
8    {
9        void Run();
10    }
11   //定义一个提供游方法的接口
12   public interface ISwim
13   {
14       void Swim();
15   }
```

(2)老虎类实现捕食和跑接口，并重写捕食和跑的方法，代码如下：

```
1    //老虎类
2    public class Tiger : Animal, IPrey, IRun
3    {
4        //重写呼吸的方法
5        public override void Breathe()
6        {
7            Console.WriteLine("老虎在陆地上呼吸");
8        }
9        public void Prey()
10        {
11           Console.WriteLine("老虎在陆地上捕食");
12        }
13       public void Run()
14       {
15           Console.WriteLine("老虎可以在陆地奔跑");
16       }
17   }
```

(3)鲨鱼类实现捕食和游的接口，并重写捕食和游的方法，代码如下：

```
1    //鲨鱼类
2    public class Shark : Animal, IPrey, ISwim
3    {
4        public override void Breathe()
5        {
6            Console.WriteLine("鲨鱼在海洋里呼吸");
7        }
8        public void Prey()
9        {
10            Console.WriteLine("鲨鱼在海洋里捕食");
11        }
12        public void Swim()
13        {
14            Console.WriteLine("鲨鱼可以在海里游");
15        }
16    }
```

(4)编写测试类：

```
1    class Test
2    {
3        static void Main(string[] args)
4        {
5            Tiger t = new Tiger();
6            t.Breathe();
7            t.Prey();
8            t.Run();
9            Shark s = new Shark();
10            s.Breathe();
11            s.Prey();
12            s.Swim();
13        }
14    }
```

输出结果：

```
老虎在陆地上呼吸
老虎在陆地上捕食
老虎可以在陆地奔跑
鲨鱼在海洋里呼吸
鲨鱼在海洋里捕食
鲨鱼可以在海里游
```

第2阶段　练　习

练习　实现不同学生的学习方法

问题

编写C#程序，创建一个抽象的学生类Student，实现休息接口并封装姓名、年龄、性别等基本属性和一个抽象的学习方法。定义一个包含找工作方法的接口，再定义一个包含做游戏方法的接口。通过Student派生一个小学生类，并实现做游戏接口。再从Student派生一个大学生类，实现找工作的接口。

编写测试类，创建小学生和大学生的实例，并调用相应的方法。

上机7 C#中集合与泛型集合

上机任务

任务1 使用Hashtable模拟人机对话
任务2 实现图书管理系统的图书显示
任务3 实现图书管理系统的添加功能
任务4 实现图书管理系统的删除和修改功能

第1阶段 指 导

指导1 使用Hashtable模拟人机对话

完成本任务所用到的主要知识点：

• Hashtable的使用。

问题

编写一个C# Windows程序，模拟人机对话，即根据用户选不同的问题，计算机给出对应的回答。

提示

将对话预先设置到Hashtable集合里，用户的问题为集合的键，电脑的回答为值。

解决方案

(1)新建一个Windows应用程序Dialog，修改窗体名称为frmDialog。frmDialog窗体的控件及控件属性见表上机7-1。

表上机7-1 frmDialog窗体的控件及控件属性

控件	名称	文本	说明
GroupBox	grpDialog	对话框	
ListView	lvwMessage		显示对话内容
ComboBox	cboMsg		
Button	btnSend	发送	单击，实现人机对话
Button	btnClear	清空	单击，清空对话内容

frmDialog窗体设计视图如图上机7.1所示。

(2)编写后台代码，声明一个全局的Hashtable，并在frmDialog的Load事件里初始

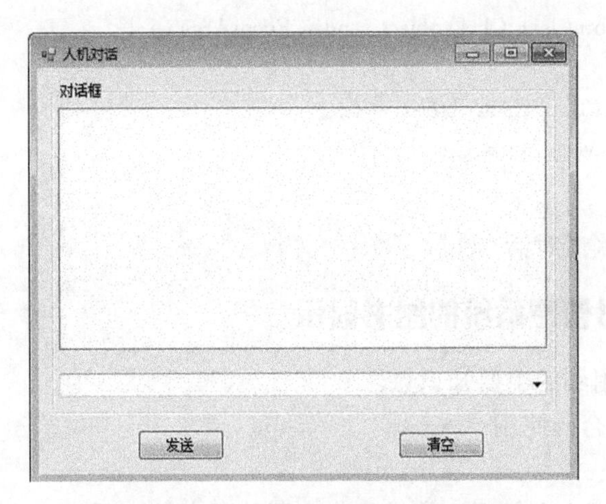

图上机 7.1　frmDialog 窗体设计视图

化数据，代码如下：

```
1    //定义一个全局的 Hashtable
2    Hashtable ht = new Hashtable();
3    //窗体加载时，初始化数据
4    private void frmDialog_Load(object sender, EventArgs e)
5    {
6        this.lvwMsg.Columns.Add("对话框", this.lvwMsg.Width);
7        string[] keys = new string[]{"你可以说话吗?","你叫什么名字?"};
8        this.cboMsg.Items.AddRange(keys);
9        this.cboMsg.SelectedIndex = 0;
10       string[] values = new string[]{"您好，我的中文不是很好，
11           只能说简单的几句.","我的中文名叫小沈阳，英文名叫小损样."};
12       for(int i = 0;i < values.Length; i++)
13       {
14           ht.Add(keys[i], values[i]);
15       }
16   }
```

(3)为“发送”按钮添加 Clock 事件，代码如下：

```
1    private void btnSend_Click(object sender, EventArgs e)
2    {
3        string key = this.cboMsg.Text.Trim();
4        string value = this.ht[key].ToString();
5        this.lvwMsg.Items.Add((DateTime.Now).ToLongTimeString());
6        this.lvwMsg.Items.Add("用户:"+key);
7        this.lvwMsg.Items.Add("电脑:"+value);
8    }
```

(4)在“清空”按钮的 Click 事件函数里添加如下代码：

```
1    private void btnClear_Click(object sender, EventArgs e)
2    {
3        this.cboMsg.SelectedIndex = 0;
4        this.lvwMsg.Items.Clear();
5    }
```

(5)运行程序,测试对话。

指导 2 实现图书管理系统的图书显示

完成本任务所用到的主要知识点:

- List<T>集合的使用。

问题

通过指导 2、练习 1 和练习 2 完成一个小型的图书管理系统,该系统包含显示所有图书名称、查看单本图书的详细信息、新增图书、修改图书和删除图书的功能。在指导 2 中设计一个用户界面并实现显示所有图书名称以及显示单本图书详细信息的功能。

解决方案

(1)新建一个 Windows 应用程序 BookSystem,修改默认窗体名称为 frmBook。frmBook 窗体的控件及控件属性见表上机 7-2。

表上机 7-2 frmBook 窗体的控件及控件属性

控件	名称	文本	说明
GroupBox	grbBookList	图书列表	
GroupBox	grbManage	管理	
GroupBox	grbBookDetails	图书信息	
TreeView	tvwBook		Dock 设置为 Fill
RadioButton	radAdd	添加	当选中时,单击确定执行添加操作
RadioButton	radUpdate	修改	当选中时,单击确定执行修改操作
RadioButton	radDelete	删除	当选中时,单击确定执行删除操作
TextBox	txtName		书名
TextBox	txtAuthor		作者
TextBox	txtBookConcern		出版社
TextBox	txtPrice		价格
Button	btnOk	确定	
Button	btnExit	退出	

frmBook 窗体设计视图如图上机 7.2 所示。

(2)定义一个图书类 Book,类中封装了书名、作者、出版社和价格属性,代码如下:

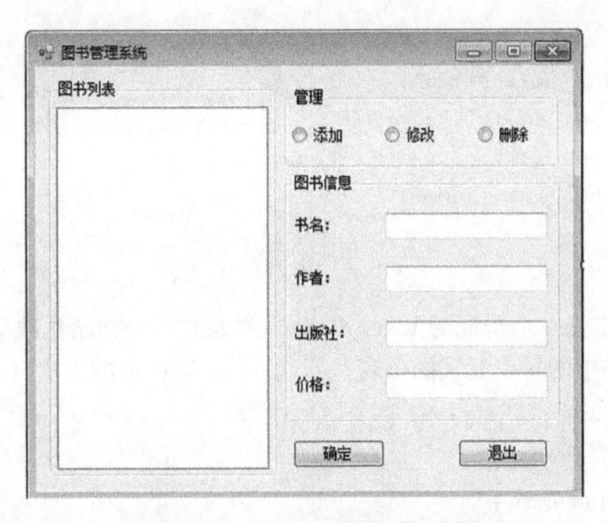

图上机 7.2　**frmBook 窗体设计视图**

```
1     public class Book
2     {
3         private string _name;//名称
4         public string Name
5         {
6             get { return _name; }
7             set { _name = value; }
8         }
9         private string _author;//作者
10         public string Author
11         {
12             get { return _author; }
13             set { _author = value; }
14         }
15         private string _bookConcern;//出版社
16         public string BookConcern
17         {
18             get { return _bookConcern; }
19             set { _bookConcern = value; }
20         }
21         private float _price;//价格
22         public float Price
23         {
24             get { return price; }
25             set { _price = value; }
26         }
27         //构造函数
28     public Book(string name, string author, string bookConcern, float price)
```

```
29          {
30              this._name = name;
31              this._author = author;
32              this._bookConcern = bookConcern;
33              this._price = price;
34          }
35      }
```

(3)在窗体类定义一个全局的 List<Book>对象和一个初始化数据的方法,再声明一个将 List<Book>中的每个元素的书名显示到 TreeView 上的方法,代码如下:

```
1   List<Book> list = new List<Book>();
2   //初始化数据的方法
3   private void InitData()
4   {
5       list.Add(new Book("明朝那些事","当年明月","中国海关出版社",29.8f));
6       list.Add(new Book("小团员","张爱玲","北京十月文艺出版社",28));
7       list.Add(new Book("红色笔记本","保罗·奥斯特","译林出版社",52));
8       list.Add(new Book("南方的海","巴斯克斯","译林出版社",34));
9       list.Add(new Book("颜色的故事","维多利亚·芬利","译林出版社",50));
10      list.Add(new Book("回归","斯克林","译林出版社",56));
11      list.Add(new Book("太阳来的十秒钟","拉塞尔","译林出版社",40));
12  }
13  //将集合中的书显示到 TreeView 上
14  private void ShowBook(List<Book> list)
15  {
16      foreach(Book book in list)
17      {
18          this.tvBook.Nodes.Add(book.Name);
19      }
20  }
```

(4)再定义一个显示图书详细信息的方法,代码如下:

```
1   private void ShowDetails(Book book)
2   {
3       this.txtName.Text = book.Name;
4       this.txtAuthor.Text = book.Author;
5       this.txtPrice.Text = book.Price.ToString();
6       this.txtBookConcern.Text = book.BookConcern;
7   }
```

(5)最后在窗体的 Load 事件和 TreeView 的 AfterSelect 事件里添加如下代码:

```
1   //窗体 Load 事件
```

```
2    private void frmBook_Load(object sender, EventArgs e)
3    {
4        this.InitData();//初始化数据的方法
5        this.ShowBook(list);//显示数据
6    }
7    //TreeView 的 AfterSelect 事件
8    private void tvwBook_AfterSelect(object sender, TreeViewEventArgs e)
9    {
10        TreeNode cNode = this.tvwBook.SelectedNode;
11        if(cNode != null && cNode.Level == 0)
12        {
13            Book book = this.list[cNode.Index];
14            this.ShowDetails(book);
15        }
16    }
```

(6)运行程序显示图书信息。

第 2 阶段　练　习

练习 1　实现图书管理系统的添加功能

问题

完成图书管理系统的添加方法。选中“添加”单选按钮时，用户输入图书信息，单击“确定”按钮，向集合中添加图书。

练习 2　实现图书管理系统的删除和修改功能

问题

完成图书管理系统的修改和删除方法。选中“修改”单选按钮时，图书处于可编辑状态，修改完后单击“确定”按钮实现图书信息的修改。选中“删除”单选按钮，再单击“确定”按钮实现删除选中图书。

注意

注意界面逻辑，确保用户选择什么操作，“确定”按钮就执行什么操作。在每次添加、修改和删除后，都应显示最新数据。

上机 8　TreeView 与 ListView 控件

上机任务

任务 1　使用 ListView 显示学员信息
任务 2　使用 TreeView 显示学员信息
任务 3　实现汽车信息系统的显示与删除功能
任务 4　实现汽车信息系统的详情显示功能与修改功能

第 1 阶段　指　导

指导 1　使用 ListView 显示学员信息

完成本任务所用到的主要知识点：

- ADO.NET 查询数据库。
- ListView 项的添加，以及子项的添加。
- ListView 的 View、FullRowSelect 等属性。
- ListView 的列标题的添加。

问题

查询数据库中的 studentInfo(学员信息表)，将查询的数据在控件 ListView 上显示，要求详细显示学员的所有信息。

解决方案

(1)创建一个数据库 studentDB，在库中创建一个 studentInfo 表，表的字段见表上机 8-1。

表上机 8-1　studentInfo 表字段

字段名	数据类型	约束	描述
id	INT	主键	学生编号
name	VARCHAR	无	学生姓名
age	INT	无	学生年龄
sex	VARCHAR	值为“男”或“女”	学生性别

插入测试数据，如图上机 8.1 所示。

(2)新建一个 Windows 应用程序 ListViewExample，主窗体名称为 frmStudent。

ID	NAME	AGE	SEX	CLASS
1	周伟	18	男	高三六班 ···
2	陈明	18	男	高三六班 ···
3	张路	16	男	高二五班 ···
4	彭野	18	男	高三五班 ···
5	黄红	17	女	高三五班 ···
6	吴降	18	男	高三六班 ···

图上机 8.1　studentInfo 表测试数据

frmStudent 窗体的控件及控件属性，见表上机 8-2。

表上机 8-2　frmStudent 窗体的控件及控件属性

控件	名称	文本	说明
GroupBox	grpStudent	学员信息	
ListView	lvmStudent		View 设置为 Details，Dock 设置为 Fill，GridLines 设置为 True，FullRowSelect 设置为 True
GroupBox	grbOperate	操作	
Button	btnLoad	加载	单击查询并显示数据
Button	btnExit	退出	单击退出程序

(3)在 frmStudent 窗体的 Load 事件中添加下列代码：

```
1    private void frmStudent_Load(object sender, EventArgs e)
2    {
3        //在窗体加载时，初始化列标题
4        this.lvwStudent.Columns.Add("编号");
5        this.lvwStudent.Columns.Add("姓名");
6        this.lvwStudent.Columns.Add("年龄");
7        this.lvwStudent.Columns.Add("性别");
8        this.lvwStudent.Columns.Add("班级");
9    }
```

(4)编写一个查询并显示到 lvwStudent 上的方法 LoadData，代码如下：

```
1    public void LoadData()
2    {
3        string connectionString = "server=.;database=studentDB;
4            uid=sa;pwd=123456;";
5        SqlConnection conn = new SqlConnection(connectionString);
6        SqlCommand cmd = new SqlCommand("select * from studentInfo", conn);
7        conn.Open();
8        SqlDataReader reader = cmd.ExecuteReader();
9        //清空 ListView 的项集合
```

```
10          lvwStudent.Items.Clear();
11          while(reader.Read())
12          {
13              ListViewItem item = this.lvwStudent.Items.Add(reader["id"]
14                      .ToString());
15              item.SubItems.Add(reader["name"].ToString());
16              item.SubItems.Add(reader["age"].ToString());
17              item.SubItems.Add(reader["sex"].ToString());
18              item.SubItems.Add(reader["class"].ToString());
19          }
20          conn.Close();
21          reader.Close();
22      }
```

(5)在 btnLoad 按钮的 Click 事件中添加如下代码：

```
1   private void btnLoad_Click(object sender, EventArgs e)
2   {
3       this.LoadData();
4   }
```

(6)在 btnExit 按钮的 Click 事件中添加如下代码：

```
1   private void btnExit_Click(object sender, EventArgs e)
2   {
3       this.Close();//关闭窗体
4   }
```

(7)运行程序，单击“加载”按钮，查询并显示所有学员信息。

指导 2　使用 TreeView 显示学员信息

完成本任务所用到的主要知识点：

- ADO.NET 查询数据库。
- TreeView 节点操作。
- TreeView 的 AfterSelect 事件。

问题

使用指导 1 中设计的数据库和表，将学员姓名查询出来，显示到 TreeView 控件上，在选中不同的学员时，显示其详细信息。

分析

怎样根据用户选择的节点查询并显示相应的学员详情，这里只需要在 TreeView 控件的 AfterSelect 事件里判断 TreeView 选中的是否为学员节点。如果是学员节点，就得到保存在节点 Tag 属性中的学员编号来查询数据库。

解决方案

(1)新建 Windows 应用程序 TreeViewExample，修改默认窗体名称为 trmStudent。

窗体的控件及控件属性见表上机 8-3。

表上机 8-3　trmStudent 窗体的控件及控件属性

控件	名称	文本	说明
TreeView	trwStudent		Dock 设置为 Fill
RadioButton	radMale	男	Check 设为 true
RadioButton	radFemale	女	
TextBox	txtName		
TextBox	txtAge		
TextBox	txtClass		
GroupBox	grbStudent	学员	
GroupBox	grbDetails	详细	

trmStudent 窗体设计视图如图上机 8.2 所示。

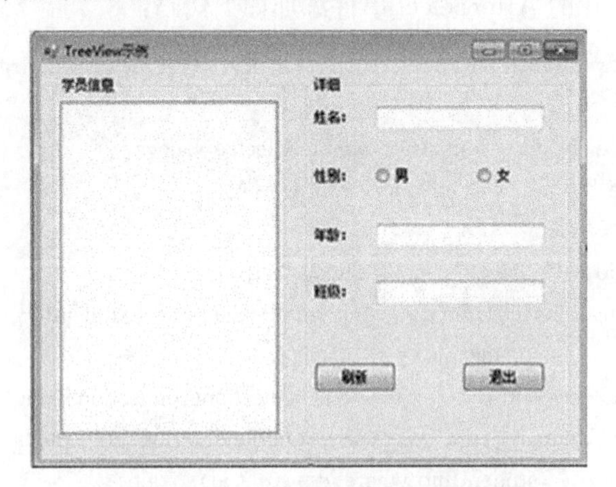

图上机 8.2　trmStudent 窗体设计视图

(2)编写一个查询数据库中所有学员信息的方法 ShowData( )，把学员姓名作为 TreeView 控件的节点显示，并将节点的 Tag 属性设置为学员编号，代码如下：

```
public void ShowData()
{
    string connectionString ="server=.;database=studentDB;
            uid=sa;pwd=123456;";
    SqlConnection conn = new SqlConnection(connectionString);
    SqlCommand cmd = new SqlCommand("select * from studentInfo",conn);
    conn.Open();
    SqlDataReader reader = cmd.ExecuteReader();
    //清空 TreeView 的节点
    this.trwStudent.Nodes.Clear();
```

```
        while(reader.Read())
        {
            TreeNode node=this.trwStudent.Nodes.Add(reader["name"].ToString());
            //将学生编号绑定到节点的 Tag 属性
            node.Tag = reader["id"];
        }
        conn.Close();
        reader.Close();
    }
```

(3)在 trmStudent 的 Load 事件添加如下代码：

```
1    private void trmStudent_Load(object sender, EventArgs e)
2    {
3        this.ShowData();
4    }
```

(4)在 trmStudent 的 AfterSelect 事件添加如下代码：

```
1    private void trwStudent_AfterSelect(object sender, TreeViewEventArgs e)
2    {
3        TreeNode cNode = this.trwStudent.SelectedNode;
4        if(cNode != null && cNode.Level == 0)
5        {
6            int id =Convert.ToInt32(cNode.Tag);
7            string connectionString ="server=.;database=studentDB;
8                    uid=sa;pwd=123456;";
9            SqlConnection conn = new SqlConnection(connectionString);
10            SqlCommand cmd = new SqlCommand(string.Format("select * from
11                    studentInfo where id={0}", id), conn);
12            conn.Open();
13            SqlDataReader reader = cmd.ExecuteReader();
14            if(reader.Read())
15            {
16                this.txtName.Text = reader["name"].ToString();
17                if(reader["sex"].ToString().Trim().Equals("男"))
18                {
19                    this.radMale.Checked = true;
20                }
21                else
22                {
23                    this.radFemale.Checked = true;
24                }
25                this.txtAge.Text = reader["age"].ToString();
```

```
26                 this.txtClass.Text = reader["class"].ToString();
27             }
28         }
29     }
```

(5)在刷新按钮的 Click 事件中添加如下代码:

```
1   private void btnRef_Click(object sender, EventArgs e)
2   {
3       //调用方法查询并显示数据
4       this.ShowData();
5   }
```

(6)运行程序显示学员信息。

第 2 阶段 练　习

练习 1　实现汽车信息系统的显示与删除功能

问题

在数据库中创建一张 CarInfo 表,包含编号、颜色、车名、数量等基本信息,向表中插入不少于 5 条测试数据。编写一个 Windows 应用程序。在程序中使用 ListView 显示所有汽车信息,并能通过右键删除选中的汽车。

提示

在窗体中添加 ContextMenuStrip 控件,实现右键菜单,命名为 cmsStudent,使用工具为控件添加一个菜单项。设置 ListView 控件的 CotextMenuStrip 属性为 cmsStudent,单击 cmsStudent 的菜单项,编写删除事件处理方法,要求数据库同步更新。

练习 2　实现汽车信息系统的详情显示功能与修改功能

问题

使用练习 1 的数据库和数据表,编写一个 Windows 应用程序,在程序中使用 TreeView 控件显示所有汽车名称,选择不同的汽车即显示其详细信息,并能修改汽车信息,修改的信息同步保存到数据库。

提示

可以参照指导 2 的实现,在窗体中添加一个修改按钮并编写 Click 事件实现修改。

上机 9　文件及 IO 操作

上机任务

任务 1　实现“我的记事本”

任务 2　实现文件属性查看器

任务 3　查看指定文件的详细信息

任务 4　使用文件管理个人简介

第 1 阶段　指　导

指导 1　实现“我的记事本”

完成本任务所用到的主要知识点：

- OpenFileDialog 和 SaveFileDialog 对话框的使用。
- MenuStrip 控件的使用。
- FileStream 的创建和使用。
- 使用 StreamReader 读取文本文件。
- 使用 StreamWriter 写入文件。

问题

使用 System.IO 里面的一些类实现一个类似 Windows 记事本的程序，提供基本的打开文件、保存文件和新建文件功能。

解决方案

(1)新建一个 Windows 应用程序 MyNotepad，修改默认窗体名称为 frmNodepad。frmNodepad 窗体的控件及控件属性见表上机 9-1。

表上机 9-1　frmNotepad 窗体的控件及控件属性

控件	名称	文本	说明
MenuStrip	mnsMenu		菜单栏
ToolStripMenuItem	tsmiNew	新建(&N)	菜单栏
ToolStripMenuItem	tsmiOpen	打开(&O)	菜单栏
ToolStripMenuItem	tsmiSave	保存(&S)	菜单栏
ToolStripMenuItem	tsmiExit	退出(&X)	菜单栏
TextBox	txtText		Multiline 设置为 True，ScrollBars 设置为 True，Dock 设置为 Fill

frmNodepad 窗体设计视图如图上机 9.1 所示。

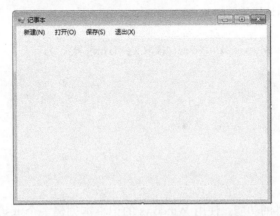

图上机 9.1　frmNotepad 窗体设计视图

(2)实现打开功能。打开文件就是读取文件并把文件的内容显示到 TextBox 中,在 tsmiOpen 的 Click 事件添加如下代码:

```
1   private void tsmiOpen_Click(object sender, EventArgs e)
2   {
3       //创建一个打开文件对话框对象
4       OpenFileDialog ofd = new OpenFileDialog();
5       ofd.Title ="打开";//设置对话框的标题
6       //设置对话框显示的文件类型
7       ofd.Filter ="txt file(*.txt)|*.txt";
8       ofd.ShowDialog();//显示对话框
9       //得到用户选择的文件全路径
10       string path = ofd.FileName;
11       if(!string.IsNullOrEmpty(path))
12       {
13           string text ="";
14           FileStream fs = null;
15           try
16           {
17               //创建一个只读文件流
18               fs = new FileStream(path, FileMode.Open,
19                   FileAccess.Read);
20               //创建一个文件读取流,设置编码为 GB2312
21               StreamReader sr = new StreamReader(fs,
22                   Encoding.GetEncoding("GB2312"));
23               text = sr.ReadToEnd();
24               this.txtText = text;
25               sr.Close();
```

```
26                  fs. Close();
27              }
28              catch(IOException ex)
29              {
30                  MessageBox. Show("读取文件时出现异常");
31              }
32              finally
33              {
34                  fs. Close();
35              }
36          }
37      }
```

(3)测试打开文件的功能。使用 Windows 的记事本创建一个 test.txt 文件并保存到桌面,输入如图上机 9.2 所示的文本。运行 MyNotepad 程序,单击"打开"菜单,选择桌面的 test.txt 文件。程序将会读取这个文件并在文本框中显示,显示效果如图上机 9.3 所示。

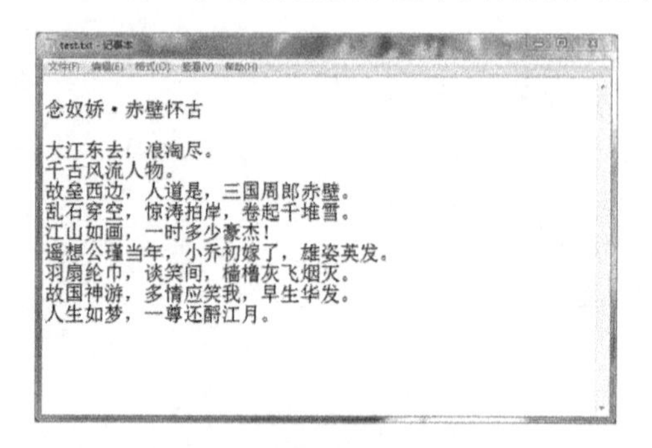

图上机 9.2　Windows 记事本程序

图上机 9.3　MyNotepad 打开文本文件

(4)实现保存文件的功能。在 tsmiSave 的 Click 事件中添加如下代码:

```
1     private void tsmiSave_Click(object sender, Event e)
2     {
3         //判断文本框文本是否为空
4         if(string. IsNullOrEmpty(this. txtText. Text. Trim()))
5         {
6             MessageBox. Show("保存失败,不能保存空文件", "我的记事本",
7                     MessageBoxButtons. OK, MessageBoxIcon. Information);
8             return;
9         }
10         //创建保存文件对话框对象
11         SaveFileDialog sfd = new SaveFileDialog();
12         sfd. Title ="保存";//设置对话框的标题
13         sdf. Filter ="txt file ( * . txt) | * . txt";设置文件类型
14         sdf. ShowDialog();
```

```
15          string path = sfd.FileName;//得到文件路径
16          FileStream fs = null;
17          try
18          {
19              //创建一个只写的文件流
20              fs = new FileStream(path, FileMode.OpenOrCreate,
21                      FileAccess.Write);
22              StreamWriter sw = new StreamWriter(fs, Encoding.UTF8);
23              sw.Write(this.txtText.Text);//将文本框的文本写入文件
24              //清理资源
25              sw.Flush();
26              sw.Close();
27              fs.Close();
28          }
29          catch(IOException ex)
30          {
31              MessageBox.Show(string.Format("保存文件时出现异常{0}", ex.Message));
32          }
33          finally
34          {
35              fs.Close();
36          }
37      }
```

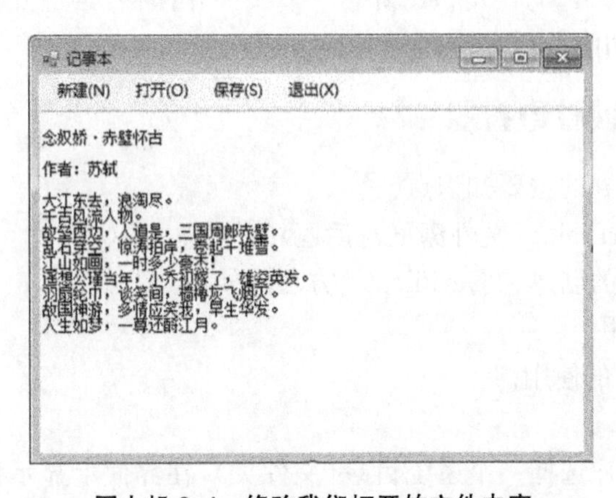

图上机 9.4　修改我们打开的文件内容

(5)测试保存功能。将打开的文本文件进行修改，添加作者苏轼，如图上机 9.4 所示。修改之后单击保存，选择保存到桌面，文件名为 test1.txt。关闭程序，查看桌面的 test1.txt 文件如图上机 9.5 所示。

(7)实现“新建”功能。在 tsmiNew 的 Click 事件添加如下代码：

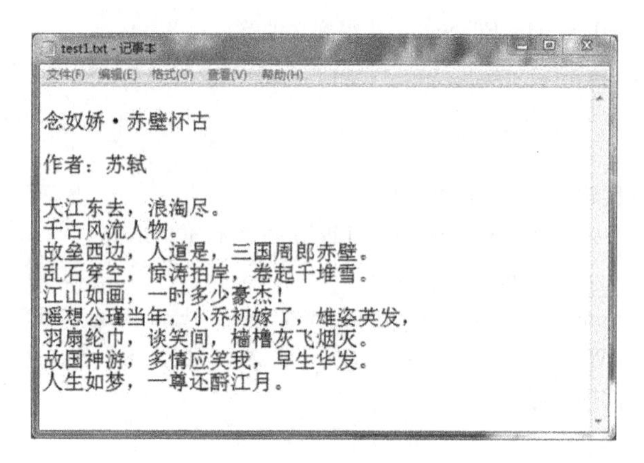

图上机 9.5　文件保存成功

```
1    private void tsmiNew_Click(object sender, EventArgs e)
2    {
3        this.txtText.Clear();//清空文本框
4    }
```

(8)实现“退出”功能。在 tsmiExit 的 Click 事件添加如下代码。

```
1    private void tsmiExit_Click(object sender, EventArgs e)
2    {
3        this.Close();关闭窗体
4    }
```

(9)测试程序。使用 MyNotepad 新建一个文件并保存，再打开显示，修改后保存，最后退出，查看我们的功能是否实现。

指导 2　实现文件属性查看器

完成本任务所用到的主要知识点：

- FolderBrowserDialog(文件浏览对话框)的使用。
- DirectoryInfo 的创建和 GetFiles( )方法的使用。
- FileInfo 的使用。
- ListView 控件的使用。

问题

程序要求实现用户选择一个系统目录(文件夹)，在界面上显示该目录下所有文件的基本属性(文件名、大小、是否只读、创建时间和最后访问时间)。

解决方案

(1)新建一个 Windows 应用程序 FileSystem，主窗体名称为 frmFileSystem。frm-FileSystem 窗体的控件及控件属性见表上机 9-2。

表上机 9-2　frmFileSystem 窗体的控件及窗体属性

控件	名称	文本	说明
GroupBox	grbSelect	请选择目录	
TextBox	txtPath		显示 path
Button	btnSelect	…	浏览按钮
GroupBox	grbFile	文件属性	
ListView	lvwFile		以详细信息显示

frmFileSystem 窗体设计视图如图上机 9.6 所示。

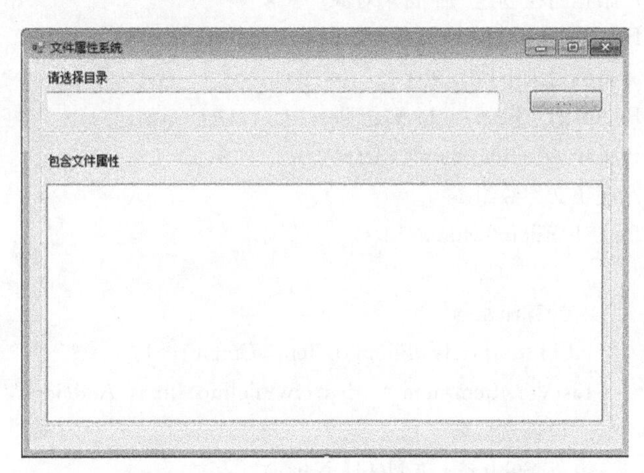

图上机 9.6　frmFileSystem 窗体设计视图

(2)在 frmFileSystem 的 Load 事件里初始化 ListView 的列标题,代码如下所示:

```
1    private void frmFileSystem_Load(object sender, EventArgs e)
2    {
3        this.lvwFileInfo.Columns.Add("流水号");
4        this.lvwFileInfo.Columns.Add("文件名称");
5        this.lvwFileInfo.Columns.Add("文件大小");
6        this.lvwFileInfo.Columns.Add("是否可读");
7        this.lvwFileInfo.Columns.Add("创建时间");
8        this.lvwFileInfo.Columns.Add("最后访问时间");
9    }
```

(3)实现用户浏览系统目录,并在 ListView 中显示所选目录包含的文件的信息。在 btnSelect 按钮的 Click 事件里添加如下代码:

```
1    private void btnSelect_Click(object sender, EventArgs e)
2    {
3        //创建一个文件夹浏览对话框
4        FolderBrowserDialog fbd = new FolderBrowserDialog();
```

```
5           fbd.ShowDialog();//显示对话框
6           string path = fbd.SelectedPath;//得到选择的路径
7           if(string.IsNullOrEmpty(path))
8           {
9               //如果用户没有选择路径,就不再执行后面的代码
10              return;
11          }
12          this.txtPath.Text = path;
13          try
14          {
15              //根据路径创建一个目录对象
16              DirectoryInfo dir = new DirectoryInfo(path);
17              //得到目录下所有文件
18              FileInfo[] files = dir.GetFiles();
19              this.lvwFileInfo.Items.Clear();
20              //遍历文件数组
21              foreach(FileInfo file in files)
22              {
23                  //计算流水号
24                  int id = this.lvwFileInfo.Items.Count + 1;
25                  ListViewItem item = this.lvwFileInfo.Items.Add(id+"");
26                  //得到文件名
27                  item.SubItems.Add(file.Name);
28                  //得到文件大小
29                  item.SubItems.Add(file.Length+"");
30                  if(file.IsReadOnly)//是否只读
31                  {
32                      item.SubItems.Add("是");
33                  }
34                  else
35                  {
36                      item.SubItems.Add("否");
37                  }
38                  //创建时间
39                item.SubItems.Add(file.CreationTime.ToShortDateString());
40                  //最后访问时间
41                  item.SubItems.Add(file.LastAccessTime.ToShortDateString());
42              }
43          }
44          catch(Exception ex)
45          {
46              MessageBox.Show(ex.Message);//异常提示
```

```
47          }
48      }
```

(4)运行程序,单击按钮选择一个目录,输出结果。

第 2 阶段　练　习

练习 1　查看指定文件的详细信息

问题

用户选择一个文件,在界面上显示这个文件的基本属性(可以参照指导 2),并显示这个文件所在目录的基本信息(目录名称、绝对路径、创建时间、子目录数量、文件数量等)。

练习 2　使用文件管理个人简介

问题

用户在界面上输入自己的基本信息后能保存到文件中,并能读取一个格式正确的“我的简介”文件,在界面上显示文件信息,对其进行修改后能保存到文件中。

上机 10　桌面开发常用控件

上机任务

任务 1　实现添加学员信息的验证功能
任务 2　调用帮助文档
任务 3　用 RichTextBox 实现一个记事本
任务 4　设计图书管理系统主界面

第 1 阶段　指　导

指导 1　实现添加学员信息的验证功能

完成本任务所用到的主要知识点：

• ErrorProvider 控件的使用。

问题

实现添加学员信息的验证功能。

分析

要求姓名、电话、年龄、地址不能为空，且年龄必须为数字。

解决方案

(1)创建窗体应用程序，窗体设计视图如图上机 10.1 所示。

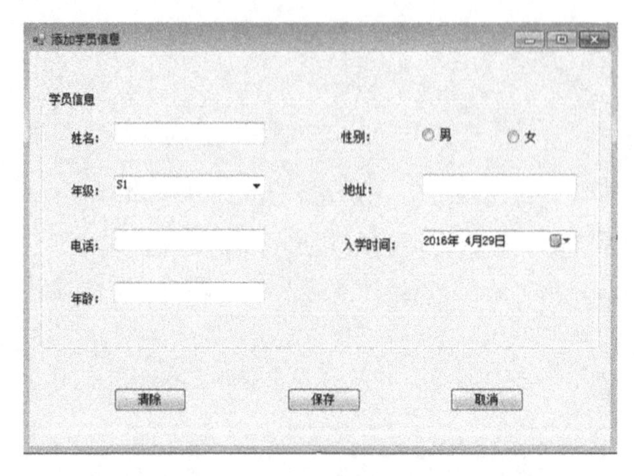

图上机 10.1　添加学员信息窗体设计视图

(2)添加 ErrorProvider 控件到窗体界面。

(3)编写文本框的 Validating 事件代码。

```
1   //验证
2   private void txtName_Validating(object sender, CancelEventArgs e)
3   {
4       //非空验证
5       if(((TextBox)sender).Text =="")
6       {
7           errorProvider1.SetError((TextBox)sender,"文本框不能为空.");
8       }
9       else
10      {
11          errorProvider1.SetError((TextBox)sender,"");
12      }
13  }
```

(4)编写"保存"按钮的单击事件处理程序。

```
1   private void btnSave_Click(object sender, EventArgs e)
2   {
3       //完成非空验证
4       string name = this.txtName.Text.Trim();
5       string tel = this.txtTel.Text.Trim();
6       string age = this.txtAge.Text.Trim();
7       string addr = this.txtAddr.Text.Trim();
8       bool flag = false;
9       foreach(Control c in this.groupBox1.Controls)
10      {
11          flag = false;
12          if(c is TextBox)
13          {
14              if(((TextBox)c).Text =="")
15              {
16                  errorProvider1.SetError(c,"文本框不能为空.");
17                  flag = true;
18                  break;
19              }
20          }
21      }
22      if(flag == false)
23      {
24          errorProvider1.SetError((Button)sender,"");
25      }
```

```
26            //数字验证
27            try
28            {
29                int x = int.Parse(age);
30                errorProvider1.SetError(this.txtAge,"");
31            }
32            catch
33            {
34                errorProvider1.SetError(this.txtAge,"请输入一个数字.");
35            }
36            //数据库操作
37            //代码省略
38        }
```

指导 2　调用帮助文档

完成本任务所用到的主要知识点：

- HelpProvider 控件。

问题

在程序中调用帮助文档。帮助文档可以为网页(help.html)，保存在项目的根目录中。

解决方案

(1)创建 Windows 应用程序，制作如图上机 10.2 所示效果。

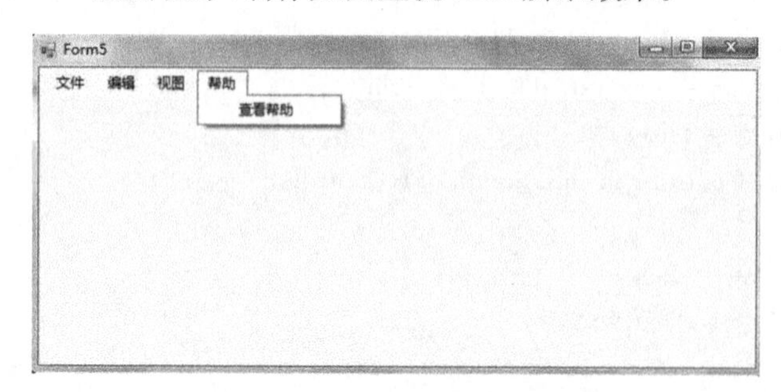

图上机 10.2　窗体设计视图

(2)添加 HelpProvider 控件到程序窗体中，在创建的加载事件里完成如下代码。

```
1    private void Form5_Load(object sender, EventArgs e)
2    {
3        //读取帮助文档的位置
4        string strPath = Application.StartupPath;
5        strPath += @"\\help.html";
6        //设置 helpProvider 控件的 HelpNamespace 属性
7        helpProvider1.HelpNamespace = strPath;
8        //显示控件的帮助信息
9        helpProvider1.SetShowHelp(this, true);
```

```
10    }
```

(3)运行程序，按 F1 键即可打开帮助文档(help.html)。

(4)单击菜单中“查看帮助”按钮，也可打开帮助文档，代码如下。

```
1    private void ToolStripMenuItem_Click(object sender,
2                      EventArgs e)
3    {
4         System.Diagnostics.Process.Start(Application.StartupPath
5              + @"\\help.html");
6    }
```

第 2 阶段　练　习

练习 1　用 RichTextBox 实现一个记事本

问题

用 RichTextBox 实现一个记事本，记事本中文本的字体颜色、大小可以被改变，并且文本能够保存到磁盘中。

练习 2　设计图书管理系统主界面

问题

设计图书管理系统主界面。使用布局控件及其他所学控件完成图书管理系统主界面的设计，主界面应包含图书类型、图书信息、读者信息、借还书等功能信息，且窗体大小改变时，界面不会变形。